国家自然科学基金(No. 40830748,4112024003)资助
创新研究群体科学基金(No. 41521001)资助

山西娘子关泉域岩溶水地球化学演化研究

Geochemical Evolution of Niangziguan Karst Water in Shanxi Province, Northern China

高旭波　著

图书在版编目(CIP)数据

山西娘子关泉域岩溶水地球化学演化研究/高旭波著. —武汉:中国地质大学出版社,
2016.6
ISBN 978-7-5625-3106-7

Ⅰ.①山…
Ⅱ.①高…
Ⅲ.①岩溶泉-岩溶水-地球化学演化-研究-平定县
Ⅳ.①P641.134

中国版本图书馆 CIP 数据核字(2016)第 053476 号

山西娘子关泉域岩溶水地球化学演化研究	高旭波 著
责任编辑:王凤林　王　敏	责任校对:张咏梅
出版发行:中国地质大学出版社(武汉市洪山区鲁磨路388号)	邮政编码:430074
电　　话:(027)67883511　　传　真:67883580	E-mail:cbb@cug.edu.cn
经　　销:全国新华书店	http://www.cugp.cug.edu.cn
开本:787毫米×1092毫米 1/16	字数:218千字　　印张:8.5
版次:2016年6月第1版	印次:2016年6月第1次印刷
印刷:武汉珞南印务有限公司	印数:1—500 册
ISBN 978-7-5625-3106-7	定价:28.00元

如有印装质量问题请与印刷厂联系调换

前　言

作为北方第一岩溶大泉,娘子关泉是研究区最主要的供水水源,多年平均流量 $9.4m^3/s$(1956—2005)。20 世纪 70 年代以来,由于周期性降水量的影响和岩溶区地下水开采量的不断增加,使得区域岩溶水水位不断下降,泉流量不断下降。其中,程家泉、石桥泉已干涸,水帘洞泉时干时续,排泄区泉水总流量同步减小。娘子关泉的最大年流量为 $14.3m^3/s$(1964),最小年流量为 $5.8m^3/s$(2006),流量极值之比接近 3∶1,51 年间(1956—2007)流量均方差为 $2.43m^3/s$,占多年平均流量的 22.5%。泉流量的多年变化具有周期性,51 年来泉流量动态曲线均出现比较明显的波峰及波谷,但波峰或波谷之间的时间间隔稍有不同。同样,从泉流量的多年分月统计数据来看,也存在类似的规律:泉水分月平均流量具有显著的波峰和波谷,呈不稳定的周期性变化。除 1985 年(0.42)和 1995 年(0.59)外,其余年份泉流量不稳定系数介于 0.7~0.9 之间(不稳定系数等于最小流量和最大流量的比值)。这与娘子关岩溶泉补给来源丰富、地下水径流稳定的认识一致。单个岩溶泉流量的年内变化以苇泽关泉波动性最强,其泉流量规则地以年均值为轴对称分布,具有短周期脉冲效应;而城西泉和五龙泉却具有更长的脉冲周期。这种泉流量变化上的差异,反映了苇泽关泉、城西泉和五龙泉来源水补给途径及范围上的差异。可以说苇泽关泉的补给来源水主要来自于局部流动系统中的单一含水层组补给,因而其流量特征基本上未受到人为活动的影响。而城西泉的流量动态比较稳定,全年范围内基本由一个峰(2~3月)、一个谷(7~8月)和一个稳定期(9~12~1月)组成。因此可以确定,城西泉具有稳定的补给来源,且补给历时长。

研究区岩溶地下水水位在 30 年内呈现逐渐下降的趋势。以会理深井为例,1981 年地下水水位标高为 404.33m,至 2006 年已经下降为 391.45m。25 年间共下降了 12.88m,平均年水位下降幅度大于 0.5m。同样,位于径流-汇流区的上董寨深井在过去的 27 年间,地下水位共下降了 13.86m,年下降幅度达 0.513m。会理深井地下水水位年内月际变化较大,反映其补给来源比较单一,主要为降雨补给,具有显著的降雨补给滞后效应。而上董寨深井地下水水位年内变化相对较小,仅在每年的 9~10 月份形成一个较短的高值区间,反映了地下水主要来源于上游补给,降雨对地下水水位波动的影响仅局限于最高降雨量的滞后补给。历年来逐渐增加的波峰值也说明由于地下水位持续下降,局部流动系统的地下水补给在该井处越来越具有重要的地位。

研究区 5 个主要岩溶泉在 20 世纪 80 年代水质变化基本稳定,90 年代以后水质波动较大,且离子浓度呈逐渐上升态势。上升速度最大的是城西泉,硫酸盐和钙浓度最高值几乎达到 80 年代的 2 倍。与 80 年代相比,主要离子组分含量均在 90 年代中期开始出现一定程度的波动。可见在气候变化和人类活动的双重作用下,岩溶泉的水质状况已经受到了严重的影响,这种影响集中体现在离子组分含量变化和其随时间波动性加强上。

结合区域水文地质剖面可知,岩溶地下水水位在阳泉和娘子关泉露头区域分别出现两个

— Ⅰ —

低点,其中岩溶水水位在平定—阳泉一带为最低,呈现南—北—西部高、东—中部低的特点。以上现象说明,从总体上,娘子关岩溶水系统的地下水径流关系为由西部、南部、北部向中东部(阳泉—娘子关泉)呈扇状汇集。由此可见,娘子关泉群作为研究区地下水总排泄点的特点并没有改变。但有所不同的是,由于过度开采地下水,导致在阳泉—平定一线形成了一个三角形的岩溶地下水降落漏斗。这表明在人类过度开采岩溶地下水后,娘子关岩溶水系统的天然流场已经被破坏。在阳泉市—平定县一线形成的岩溶水降落漏斗水位标高仅有 350m,该降落漏斗已经揭穿中奥陶统峰峰组($O_2 f$)含水层,进入了中奥陶统上马家沟组($O_2 s$)含水层。这就意味着,位于其西部、南部和北部的石炭二叠系裂隙水、$O_2 f$ 和 $O_2 s$ 岩溶水首先需要部分或全部补给这一漏斗区,而后才有可能继续沿中部径流-汇流区向下运移。事实上,由于该岩溶水漏斗的存在,位于其东部的岩溶地下水很有可能舍远求近而出现逆流径倒流补给漏斗区的现象。野外调查和地下水水位监测数据证明,在位于阳泉市以东的下白泉—龙庄附近已经逐渐出现了一条水丘,该水丘已经成为了一段"人造"的岩溶地下水分水岭。尽管无法在下白泉以北和龙庄以南寻找到与之相连的岩溶地下水分水岭及其最终消失的边界。但研究区西部石炭二叠系裂隙水、$O_2 f$ 及 $O_2 s$ 岩溶水以及南北补给-径流区的裂隙水和岩溶水汇流补给该岩溶地下水漏斗已成为不争的事实。依据地下水排泄特征,将研究区岩溶地下水系统划分为两个子区域,即西部的岩溶水降落漏斗子系统(简称漏斗区子系统)和东部的岩溶泉子系统(以上分区仅代表名称,并不代表西部的地下水与东部的地下水是完全独立的两个系统)。由于存在着多含水层共同补给的现象,因此西部的深层岩溶水完全可能在顶托补给漏斗区子系统的同时沿径流带运移补给岩溶泉子系统。

通过对桃河和温河沿岸岩溶地下水水化学特征的对比,重新认识了前人勾画的径流-汇流区地下水流场形态。沿两条河流的岩溶地下水在水质上存在明显的差异,因此推断在地下水向娘子关运移的过程中,由于磨峪山的存在,地下水分两条径流-汇流线向娘子关泉补给,磨峪山作为地表分水岭也同时是季节性的地下水分水岭。

在空间形态上,运用基于水化学-同位素指示作用的分析方法,进一步证明研究区地下水运移存在层状分布现象,包括石炭二叠系裂隙水含水层、下奥陶统含水层和中奥陶统含水层。岩溶地下水主要赋存于中奥陶统含水层,但下奥陶统含水层的区域性补给也是存在的。

从岩溶泉补给的角度来看,五龙泉和苇泽关泉主要接受来自下奥陶统岩溶地下水的补给,但同时也可能部分地接受来自寒武系岩溶地下水的补给;水帘洞泉主要接受来自东部岩溶裸露区的下马家沟组岩溶地下水"优势流"的补给。而城西泉和坡底泉则分别接受来自南部沿桃河的补给-径流区及北部沿温河的补给-径流区岩溶水的补给。此外,两泉较低的离子组分含量表明它们同时还接受来自南部/北部岩溶裸露区的局部流动系统的补给。依据地下水水动力特性,地下水系统可划分为南部补给-径流区、北部补给-径流区、西部滞流区、中部降落漏斗区、东部径流-汇流区和排泄区六个水动力区。其中,中部降落漏斗区以降落漏斗边界为界限,向东直至下白泉—龙庄附近的水丘("人造地下水分水岭")。

地下水水化学空间演化特征为:低离子含量的 $HCO_3 - SO_4 - Ca - Mg$ 或 $HCO_3 - Ca - Mg$ 型裂隙水和低—中等离子含量的 $HCO_3 - SO_4 - Ca - Mg$ 型岩溶裂隙水在其向下游运移的过程中,除固有的水-岩相互作用外,由于受采矿活动、地表水和生活污水渗漏补给的影响,其离子组分含量不断上升,最终成为 SO_4 型、$SO_4 - HCO_3$ 型、$SO_4 - HCO_3 - Cl$ 型水。在降落漏斗区,不同来源的地下水混合开采;而在泉群集中排泄区,区域流动系统与局部流动系统的地下水发生混合作用,最终形成了水质相对良好的 $HCO_3 - SO_4 - Ca - Mg$ 型或 $SO_4 - HCO_3 - Ca - Mg$ 型岩溶泉水。

在地下水由补给区向排泄区运移过程中,方解石和白云石的 SI(饱和指数)值呈增加趋势,由最初 $SI<0$ 逐渐转化为 $SI>0$,地下水对方解石和白云石也由最初的溶解作用演变为沉淀再结晶。此时,地下水中石膏的饱和指数也呈现相似的增长趋势,但石膏仅能持续发生溶解反应,不会出现石膏沉淀现象。但在采煤活动严重影响区域,石膏的沉淀还是有可能的。地球化学模拟表明,在碳酸盐岩含水层中,地下水初始以方解石(白云石)的溶解为主,随着石膏溶解数量的增加,方解石(白云石)的溶解开始受到抑制,进而发生沉淀,石膏的溶解成为控制地下水水化学成分形成的主导过程。

当高浓度的矿坑水混入时,地下水相对石膏过饱和;铁氢氧化物也呈现过饱和状态;地下水对碳酸盐岩含水介质的溶蚀能力得到增强。随着水-岩相互作用程度的加深,铁氢氧化物沉淀,通过共沉淀和吸附作用去除了地下水中的重金属类污染物;地下水对方解石和白云石的溶解趋缓并逐渐发生沉淀。

ABSTRACT

As the largest karst spring in northern China, Niangziguan spring provides the most part of water supply for local habitants with an annual average discharge of $9.4 m^3/s$ (1956—2005). The groundwater table has been declining due to aridity and over-exploitation of karst water since 1970s. The Chengjia spring and Shiqiao spring has disappeared; the Shuiliandong spring has become a seasonal spring and the total flow of the springs in the discharge area decreases too for the same reason. The highest annual flow of Niangziguan spring was $14.3 m^3/s$ (1964) and the smallest $5.8 m^3/s$ (2006) with a ratio about 3∶1. The mean square error of the flow is $2.43 m^3/s$ over the past 51 years (1956—2007), occupying 22.5% of the annual average flow. The periodical change of annual spring flow of the past 51 years is observed with the visible wave peaks and troughs though the time slot is different. At the same time, the spring flow of every month shows the similar phenomenon according to the monthly discharge monitoring data. Most of the instability coefficients of the annual spring flow ranges between 0.7~0.9 except for 1985 ($0.42 m^3/s$) and 1995 ($0.59 m^3/s$). This indicates the recharge sources of the Niangziguan spring are abundant and the groundwater flowpath is steady. The flow fluctuation of the Weizeguan spring is intensive among the spring group. The flow data distributed at the two sides of the line of annual flow which can be took as the result of many short term recharges. However, the recharge distance of the Chengxi and Wulong spring is long deduced from the weak fluctuation of spring flow. The difference in spring flow fluctuation reflects the difference in the flowpath and recharge sources of the springs. It is deduced that the Weizeguan spring is recharged by the groundwater from a single aquifer in the local flow system according to the annual and month flow data. The spring flow is few disturbed by human being activity. The flow curve of the Chengxi spring is steady composed of one wave peak(Feb.-Mar.), one trough(July-August) and one steady term(Sep.-Jan. of the next year). Therefore, it is deduced that the Chengxi spring is recharged by the groundwater far from the discharge area in the regional flow system.

A gradual decrease of karst groundwater table was observed over the past thirty years. The groundwater table decreased from 404.33m (1981) to 391.45m (2006) in recharge area (Huili deep well) with a total decrease of 12.88m and average 0.513m per year. At the same time, the groundwater table decreased 13.86m in the past 27 years in the flow-conflux area (Shangdongzhai deep well).

The rapid fluctuation of groundwater table between months indicates the single recharge source in Huili deep well where the groundwater is mainly recharged by precipitation, with a delayed response. The groundwater of Shangdongzhai deep well is recharged mainly by the upper reach karst water. Therefore, the fluctuation of groundwater table is weak except for the time period Sep. – Nov. . The gradually enhanced wave peak makes us believe that the groundwater from the local system begins to play more and more important role with the decrease of groundwater table in the conflux area.

The groundwater quality remains essentially constant in 1980s, and fluctuates since 1990s with an obvious elevation of main ion concentrations in groundwater. The highest elevation of sulfate and calcium content was found in Chengxi spring which is about two times higher than that of 1980s. Slight elevation of calcium, magnesium and chloride content was also found in all the springs. The fluctuation of main ion concentration was appeared since the year of 1950 compared with that of 1980s. This let us believe that the water quality of karst water is essentially impacted by the climate change and human being activities.

The lowest groundwater table was found in the areas of Pingding – Yangquan and Niangziguan. To sum up, the groundwater moves into the central (Pingding – Yangquan) and east areas (Niangziguan) from west, south and north areas of the basin. The hydraulic gradient of the groundwater ranges 7.6‰~9‰ in the south and north recharge – flow areas, 0.3‰~1‰ in the flow – conflux area and 3.5‰ in the discharge area. Regional groundwater finally discharges as a group of springs. However, a triangle – shaped cone of depression was formed due to over exploitation of groundwater, and the natural flow field was changed. The elevation of groundwater is only 350m in the cone of depression located at Pingding – Yangquan area which has communicated the $O_2 f$ and $O_2 s$ aquifers. It meant that the fracture water form the west area and karst water from the $O_2 f$ and $O_2 s$ aquifers need to recharge the depression area first and then the spring group. In fact, the karst groundwater located in the east of the depression area may return back the depression area. It was proved by the evidences of field investigation and the monitoring data of groundwater table that an "artificial" groundwater watershed was appeared between Xiabaiquan – Longzhuang east of the Yangquan City. Though it is difficult to find the groundwater watershed in the north side of Xiabaiquan and south of Longzhuang, but the recharge of fracture water and karst water into the depression area is evident. So the karst water system can be divided into two sub – systems: the depression area subsystem in the west and karst spring subsystem in the east, according to the discharge characteristics of groundwater in the study area. The deep karst water from the west part of the study area may transport into the karst spring subsystem except for the depression area subsystem where the groundwaters are recharged by different aquifers in the study area.

The flow field of the formerly flow – conflux area was studied by the comparing of hydrochemistry of karst groundwaters along the Taohe River and Wenhe River. Significant difference was identified in these karst groundwaters which make it possible that the karst groundwater move into the flow – conflux area along two flowpath. It is because of the existing of Moyu Mountain which may be a seasonal groundwater watershed except for a surface water watershed.

The movement of groundwater in different aquifers, fracture aquifer of Carboniferous and Permian, aquifer of the lower Ordovician and upper Ordovician, was further proved using hydrochemistry and environmental isotope method. Most of the karst water storied in the upper Ordovician aquifer and the regional recharge of lower Ordovician aquifer occurs too. The recharge of karst water for Wulong and Weizeguan main come from the lower Ordovician aquifer and few from the Cambrian aquifer. The Shuiliandong spring may mainly receive the karst water which we named it as "preferential flow" from the Xiamajiagou formation. The recharge water of Chengxi spring and Podi spring mainly come from the upper reach karst water along the two flowpath in the flow - conflux area. Besides, the lower ion content in the two springs indicate the recharge water partly from the local flow system located in the south and north bare karst areas. Finally, the groundwater system can be divided into six hydrodynamic areas, south and north recharge - flow region, west retardance region, central depression region, east flow - conflux region and discharge region, in the study area. Among them, the central depression region was confined as the area of the cone of depression with the groundwater watershed near the Xiabaiquan - Longzhuang as the east boundary.

From recharge area to discharge area, the hydrochemical type of the karst water changing from $HCO_3 - SO_4$ or HCO_3 type water into SO_4, $SO_4 - HCO_3$ or $SO_4 - HCO_3 - Cl$ type water was controlled by water - rock interaction with leakage of coal mining waste water and surface water. The elevation of main ion content was also observed during this course. In the discharge area with a group of karst springs outcropping, mixing of groundwater from regional flow system and local flow system took place to form portable $HCO_3 - SO_4$ or $SO_4 - HCO_3$ type karst spring water.

During the transport of groundwater, over - saturation with respect to calcite and dolomite resulted in precipitation and recrystallization. The dissolution of gypsum prevails except for areas where the groundwater was affected by coal mining and gypsum precipitation may occur.

In the karst aquifer, groundwater quality was first controlled by calcite(dolomite) dissolution and then by gypsum dissolution once calcite(dolomite) dissolution was restrained. Gypsum in groundwater may precipitate and the carbonate dissolution capacity of groundwater was enhanced with leakage of coal mine drainage. Iron hydroxides in the groundwater were precipitated with the evolution of water - rock interaction and heavy metals in the groundwater were removed via co - precipitation with and adsorption by iron hydroxides.

目 录

§1 绪 论 …………………………………………………………………… (1)
    1.1 课题依据与研究意义 ………………………………………………… (1)
    1.2 国内外研究现状 ……………………………………………………… (2)
    1.3 研究内容与工作方法 ………………………………………………… (10)

§2 研究区地质背景 …………………………………………………………… (13)
    2.1 研究区概况 …………………………………………………………… (13)
    2.2 区域地层概况 ………………………………………………………… (16)
    2.3 区域构造特征 ………………………………………………………… (19)

§3 岩溶及岩溶地下水系统 …………………………………………………… (24)
    3.1 岩溶发育特征 ………………………………………………………… (24)
    3.2 岩溶水系统圈定 ……………………………………………………… (27)
    3.3 岩溶地下水系统组成 ………………………………………………… (32)
    3.4 岩溶地下水系统补给——径流与排泄 ……………………………… (36)

§4 娘子关泉域岩溶演化史 …………………………………………………… (40)
    4.1 地质构造演化史 ……………………………………………………… (40)
    4.2 岩溶演化史 …………………………………………………………… (43)
    4.3 娘子关泉群的形成与演变 …………………………………………… (46)

§5 区域岩溶水水化学特征 …………………………………………………… (55)
    5.1 岩溶水水化学特征 …………………………………………………… (55)
    5.2 人类活动对地下水影响分析 ………………………………………… (59)
    5.3 岩溶水中污染组分物质来源 ………………………………………… (63)

§6 岩溶流动系统及岩溶泉补给来源再认识 ……………………………… (68)
    6.1 岩溶水水动力分区 …………………………………………………… (69)
    6.2 补-径-排水体环境稳定同位素特征 ………………………………… (70)
    6.3 岩溶泉补给来源分析 ………………………………………………… (74)

  6.4 小结 ……………………………………………………………………（84）

§7 岩溶地下水时空演化特征 ……………………………………………（87）
  7.1 岩溶水动态演变特征 ……………………………………………………（87）
  7.2 岩溶水水质演变特征 ……………………………………………………（91）
  7.3 沿流经岩溶地下水水质演化特征 ………………………………………（95）
  7.4 岩溶水水质演化的地球化学过程模拟 ………………………………（105）

§8 结论与建议 ……………………………………………………………（109）

主要参考文献 ……………………………………………………………………（118）

§1 绪 论

1.1 课题依据与研究意义

　　岩溶地下水历来是岩溶地区重要的供水水源,近年来由于受城乡经济的发展及全球气候变化的影响,对地下水的需求量急剧增加。特别是在我国北方碳酸盐岩分布地区,地表水资源分布严重不均,污染日趋严重,岩溶水资源的开发利用和合理保护也就显得日益重要。

　　娘子关泉是我国北方最大的岩溶泉之一,也是阳泉市工农业生产和人民生活的重要供水水源,其供水量占整个阳泉市供水量的 70% 以上,对地方经济的可持续发展具有至关重要的作用。然而,自从 20 世纪 80 年代以来,随着社会经济的快速发展,由于降雨量周期性变化、过度开采地下水和受采煤疏干影响,使得地下水水位持续下降,娘子关泉群总流量由多年平均的 $9.4 m^3/s$(1956—2005)减少至近期的 $6.1 m^3/s$(2006)。更为严重的是在气候变化和人类活动的影响下,岩溶水水质恶化现象显著,硬度和硫酸盐等指标严重超标,同时伴随着其他致毒性组分含量升高,生态环境恶化。由于地下水水质下降导致的可利用水资源量减少,已严重影响了城市工农业的健康发展(阳泉市水资源公报,2005)。

　　娘子关泉岩溶水系统发育于中更新世,总面积 $7435.82 km^2$,包括阳泉、平定、昔阳、盂县、寿阳、和顺和左权等县市。其中,半裸露和全裸露可溶岩面积 $2100 km^2$,全裸露可溶岩面积 $1882 km^2$(因地下分水岭波动,不同年份略有变化)。经历了长期的地质环境演变和岩溶水系统自身的演化,在构造运动、气候变化以及人类活动等因素共同作用下,娘子关岩溶水系统的地下水作为地质环境演化过程中最活跃、影响最广泛的对象之一,也强烈地受到各种地质环境因素的影响,形成了复杂的岩溶地下水系统。同时地下水系统中的物质来源也因岩溶系统的变化而相应地发生了变化,这些都集中地反映在地下水水质的变化上。地下水水质的变化也从另一个层面上反映出在岩溶水系统演化的不同阶段,地下水与含水介质发生的水-岩相互作用过程的演变。因此有必要对人为活动及天然条件变化相互作用下的岩溶水系统演化过程和其中的水文地球化学过程进行系统的研究,以揭示其内在规律,为实现区域水资源可持续利用提供科学依据。

　　娘子关泉岩溶水系统的形成经历了漫长的地质历史。在此过程中,实现了由季节性泉到稳定的岩溶大泉的历史演化。伴随着泉群的不断发展壮大,其补、径、排也经历了一个发展、变化的过程。开展对岩溶地下水系统的调查研究不仅要对地下水系统进行定性的描述,也需要对系统的层次划分有一个明确的认识。但事实上,在层次划分上,还存在着不同的认识。此外,随着地下水和煤炭资源的开采,区域地下水补、径、排关系在不同程度上均发生了变化,如何刻画这种变化,并将其运用于实际中来解决水资源供应紧张问题,也值得探讨。因此从系统分析的角度认识地下水流场是非常有必要的,这对明确岩溶地下水资源的时空演变规律、正确评价地下水资源有着重要的意义。近几十年来,人类活动加剧和全球变化影响突显,表现在专著的研究对象上主要为:岩溶水水量骤减、水质不断恶化,岩溶水中污染组分日趋复杂。高强度的人类活动,尤其是农业活动和工业生产活动导致大量的环境污染物进入水文循环系统,天然水环境原有的动态平衡被破坏。无论是地表水还是地下水,其水-岩相互作用的模式和过程均受到了严峻的挑战。但同时,由于地下水在含水层运移过程中能够或多或少地保留其所处的"母岩"的某些特质。这就使得我们研究地下水系统及其演化具有了良好的工作手段,这种手段就是同位素-水化学方法。基于同位素-水化学技术的研究方法不仅能够有助于全面认识岩溶水系统,同时也极有可能为研究气候变化提供更为丰富的素材。因此开展岩溶水系统划分,判定泉群中不同泉水的补给来源、补给途径、物质来源,以及岩溶水对气候变化和人类活动的响应,对于合理开发利用地下水资源、实现水资源可持续利用具有重要的意义。

本专著目的在于,在地下水系统理论和水-岩相互作用理论的指导下,将含水介质结构、水动力场、水化学场等信息融合提取,构建岩溶地下水系统水文地质概念模型,划分岩溶地下水分区;揭示岩溶地下水中污染组分的物质来源、识别控制岩溶地下水水质演化的主要水文地球化学过程,定量模拟水文地球化学过程;分析岩溶水系统对近 50 年来气候变化和人类活动的响应。研究成果不仅可丰富全球变化的研究方法和内容,而且可为实现区域水资源有效保护及合理开发提供科学的依据。

1.2 国内外研究现状

作为地下水的主要组成部分之一,岩溶地下水资源的开发、利用、保护一直是水文和环境领域研究的热点之一。我国岩溶地区,可溶岩分布面积为 $3.4\times10^6\,km^2$,约占国土面积的 1/3。其中北方岩溶发育区(主要为碳酸盐岩区)分布面积约为 $4.6\times10^5\,km^2$,岩溶水天然资源量为 $1.92\times10^{10}\,m^3/a$(李振拴,2000),是北方城市和工农业生产的重要优质供水水源。

然而,近几十年来受气候变化和人类活动等因素的影响,北方岩溶水系统的供水能力不断衰减,主要表现为岩溶水水位持续下降、水质恶化,并由此引发了泉水枯竭、河流断流、湖泊干涸、植被死亡、耕地荒芜等诸多生态环境问题,严重制约了区域社会经济的有序发展,恶化了生存环境(关碧珠等,1993)。娘子关泉作为我国北方第一大岩溶泉,是阳泉市及其周边区域的最主要供水水源。由于其地处全球变化敏感带,在研究岩溶地下水系统对气候变化和人类活动的响应方面具有独特的地位,因而其流量动态变化、水质演化近年来备受研究者关注(郭占荣 & 尹宝瑞,1997;韩行瑞 & 梁永平,1989;李纯纪,2005;李义连 & 王焰新,1998;梁永平 & 韩行瑞,2006;宁维亮,1996;孙连发等,1997;王焰新等,1997)。

1.2.1 地下水系统的圈定与划分

自 20 世纪 80 年代国际水文地质界提出"地下水系统"以来,国内外的学者对"地下水系统"的概念、分类、工作方法、定量描述等方面进行了深入研究。荷兰阿姆斯特丹自由大学 Engelen & Jones(1986),日本学者柴畸达雄(1982),美国学者 Toth(1986),中国张人权(2002)、陈梦熊(1984)等学者分别提出了不同的地下水系统的定义,这些都比较客观地反映了人们对地下水系统阶段性的认知,导致学界尚未形成关于"地下水系统"这一概念的一个完整的、统一的认识。我国著名水文地质学家陈梦熊则将地下水系统定义为"地下水系统是以系统科学的观点和方法,将水文地质学研究的地下水圈作为一个处于等级从属关系的许多单元组成的复杂的动力系统,在空间分布上具四维性质的能量不断新陈代谢的有机体"(陈梦熊,1984;陈梦熊 & 马凤山,2002)。具体可以归纳为:①地下水系统是由若干个具有一定独立性而又互有联系、互相影响的不同等级的亚系统或次亚系统所组成的;②地下水系统与降水、地表水系统存在密切联系、互相转化,地下水系统的演变很大程度上受输入与输出系统的控制;③每个地下水系统都具有各自的特征与演变规律,包括含水层系统、水文系统(补排系统)、水动力系统、水化学系统等;④含水层系统与地下水系统代表两个不同的概念,前者具有固定边界,而后者的边界是自由可变的;⑤地下水系统的时空分布与演变规律,既受天然条件的控制,又受社会环境,特别是人类活动影响而发生变化。

对地下水系统的圈定与划分是将地下水系统理论运用于水文地质研究的前提。其内容就是在一定原则条件下通过分析地下水系统的外部环境特征(区域地质背景、气候、水文、地形地貌)、含水层系统和水流系统特征,从中提取依据,确定系统边界,分层次、分等级对地下水系统进行划分(李文鹏等,1995)。

由于地下水系统的复杂性和划分依据标准的不统一性,导致国内地下水研究工作对地下水系统划分的多样性。为了全面掌控和合理统筹地下水资源,中国地质调查局于 2004 年提出了国内第一个完整的地下水系统划分细则:《地下水系统划分导则》(以下简称《导则》)。《导则》以宏观地貌单元、大地构造、气候条件、一级地表水系、国际和海岸线作为指标,将我国地下水系统划分为 9 个区域地下水系统,并细化为 23 个一级地下水系统和 55 个二级地下水系统。二级地下水系统重点考虑三种边界类型:地表水分水岭、地下水分水岭、岩相古地理界线。对于局部小区域性的地下水系统的概化,《导则》提出了三级和四级地下水系统划分依据。三级地下水系统在二级划分的基础上,重点考虑含水介质的特征和岩相古地理特征,同一地下水系统要具有独立的含水层体系,具有相对完整的补、径、排体系,具有统一的渗流场和化学场。四级地下水系统的划分应遵循:为某一明确的调查、研究目的服务,具有统一的流场、水化学场,便于分析总结地下水资源的成因和演化规律,易于建立水文地质概念模型;在时空分布上,应考虑地下水系统的层次性和时变性,如考虑局部地下水流场和区域地下水流场的关系;地下水系统边界条件应尽量简单可控。《导则》的实施为地下水系统的划分提供了统一的参照依据,对深入研究地下水系统层次性特征提供了条件。

《导则》与传统的地下水系统划分判据在很大程度上保持了良好的一致性。传统的局域地下水系统划分主要以地下水流场为依据,根据地下水观测水位并结合区域水文地质条件,作出区域地下水等水位线图,判断地下水流向及强弱径流带,划分地下水系统[Ahlfeld & Mulligan,2000;Alley et al.,2002;Ayenew et al.,2008;Carrillo-Rivera,2004;陈爱光等,1987;《供水水文地质勘查规范》(GB 50027—2001),2001;梁杏等,2002;王焰新,1995]。基于这一原则的地下水系统分区理论在实际应用中得到了广泛的应用,尤其是在流域和盆地以及更大尺度的地下水系统分析中(Robinson & Reay,2002;Thomas,2001;曹剑锋等,2002;崔亚莉等,2004)。但是,在没有泉水出露和地下水观测孔的区域,地下水的水动力特性并不明显。其次,在人类活动和气候变化的约束下,地下水动力场也是可变的(Robinson & Reay,2002)。尤其是在实践中,局部流动系统与区域流动系统互相重叠、嵌套,使得情况极其复杂。要正确识别和划分地下水流动系统,除了依据地质和水文地质观察成果外,还需要通过水温、水化学及同位素等资料获取更多的补充信息。

地下水的化学组分是地下水与环境—自然地理、地质背景以及人类活动长期相互作用的产物。一个地区地下水的水化学面貌,反映了该地区地下水的历史演变。研究地下水的化学成分可以帮助我们回溯区域水文地质历史,阐明地下水的起源与形成(Deutsch,1997;沈照理等,1993)。天然条件下,地下水与含水介质的相互作用是地下水中物质的主要来源之一。地下水能够从这种作用中得到物质的多寡首先取决于含水岩层的矿物特性,其次是水-岩相互作用的充分程度,因此来自不同地下水系统的地下水在某种程度或多或少地镌刻着其所处环境的烙印。当代水文地质学研究表明,水化学-同位素资料不仅可以反映地下水水质的时空变化特征,而且可以提供有关地下水赋存环境、循环深度、流速、资源量组成等水动力方面的重要信息(Hodges,2007;Mazor et al.,1993;Posner et al.,2005;Swarzenski et al.,1999、2001;王焰新等,1995、1996、1997)。根据地下水的离子特征及同位素特征(如^{2}H、O、S、^{3}H、Sr、离子组成、微量元素、稀土元素比值等)可以将地下水划分为不同的水化学类型,再结合地层、构造及水文地质条件,分析基岩类型及断裂构造等对地下水的控制作用,以及不同来源水的混合、溶解-沉淀作用、同位素交换作用等,可以实现局部的和区域的流动系统的划分(Alan & Mark,1995;Lloyd,1976;Mukherjee et al.,2009;郭清海 & 王焰新,2006)。有些研究在详尽掌握研究区同位素-水化学特征后,对地下水系统的划分类型更多,包括局部、中间及区域流动系统(Carrillo - Rivera et al.,1996;Paces et al.,2002;Plume,1996)。

在研究中,岩溶水系统被理解为:以单个或多个泉(泉群)作为地下水的天然排泄露头的,具有完整的补给、径流、排泄体系,由岩溶地下水及其岩溶含水介质共同组成的地质体。其最主要特点是泉或泉群成为了地下水系统的最主要的排泄方式,其空间分布范围与水资源管理部门和传统水文地质研究所称"泉域"一致,但使用岩溶水系统概念体现了研究中一以贯之的系统思想和研究方法。

由于岩溶地下水系统发育于碳酸盐岩地区,所以地下水水化学组分颇具特点,表现为地下水中阳离子主要以 Ca、Mg 为主,而在海相碳酸盐岩地层中则 Sr 含量较高(张虎才,1997;王增银,2003),且与 Sr/Ca、Mg/Ca 呈现良好的线性关系(Cicero & Lohmann,2001;Land et al.,2000)。因此通过获取岩溶水水化学常量及微量组分数据,就可以在特定水文地质区域中实现岩溶水系统子系统的划分(Mihealsick et al.,2004;胡进武等,2004;李俊云等,2006;汪玉松等,2004)。在岩溶水系统划分中,新兴的同位素方法也得到了广泛的应用。^{2}H、O、^{34}S、^{3}H、^{87}Sr/^{86}Sr、^{13}C 等同位素指标,已经被人们逐渐开发应用于岩溶水系统补-径-排区域的划分、局部与区域系统的划分、追踪岩溶裂隙-管道的分布特征(Fritzan & Fontes,1980;Swarzenski et al.,2001;王焰新等,1997)。尽管这种划分方法多数基于定性划分,但其应用前景广泛,随着分析测试手段的提高,会进一步得到完善。

1.2.2 地下水中物质来源解析

地下水系统作为一个相对独立的单元,其与外界环境的物质交换呈现出多源输入-单源输出的模式。降雨作为地下水最初始的补给来源,在向地下水系统供给水量的同时,也成为了地下水系统最直接的物质来源。但由于雨水中组分浓度一般均较低,所以其对地下水系统的水质并不具有决定性的作用。然而在雨水入渗包气带,并与包气带矿物发生溶滤作用的过程中,其水质会发生显著变化并最终将一部分组分携带进入地下水系统。近几十年来,人类活动(农业活动、采矿、工业生产等)强烈地改变了包气带的物质组成,导致降雨淋滤进入地下水的物质成分也发生了巨大的变化。地表水与地下水的相互作用,作为水文循环的一部分,也是地下水中物质输入的另一种途径。尤其是在地表水流经含水层裸露区域时,往往会出现大量地表水漏失进入地下水的情况,严重时甚至出现断流现象,俗称断头河。近年来,由于区域地表水水质恶化,也引发了与其联系的地下水系统的局部或整体水质恶化现象。作为地下水的储存空间,地下水与含水岩层矿物的相互作用也越来越得到人们的重视。一方面,地下水中的物质组分在含水层的自净作用下,发生吸附、降解、沉淀等物理化学作用而不再赋存于水相中;另一方面,含水介质中的岩石矿物通过溶解、氧化-还原、离子交换等作用而进入地下水(Freeze & Cherry,1979;王焰新等,2007)。这种地下水与含水介质之间的物质交换广泛地存在于地下水系统之中。在岩溶发育区域,由于岩溶地下水系统常处于开放-半开放状态,气体组分的参与使得出现广泛的水-岩-气三相之间的物质交换。可见,地下水中物质组分的来源可以概化为:外源输入[如降雨来源、地表水渗漏、越流补给、大气来源(CO_2)等]和内源生成(如水-岩相互作用等)两部分。

1.2.3 水-岩相互作用及其地球化学模拟

水-岩相互作用理论是研究地下水中化学物质的形成与迁移、环境污染防治的主要基础理论。借助于地球化学模拟,可以更精细刻画环境与水相间的化学作用关系,从而探索地球内部的演化规律。

目前对于水-岩相互作用的研究,主要在分析地下水流经地层分布和不同元素的水文地球化学特征基础上,运用同位素分布特征、水文地球化学图解、各种离子的相关统计等相关工具,开展以下工作:①水-岩反应的程度(平衡状态)判识(Garrels & Mackenzie,1967);②饱和指数计算,并研究饱和指数在不同温度、电导和pH值下的变化(Glynn & Reardon,1990;李义连等,2002);③控制水-岩相互作用的主要过程和矿物体系研究(Binning & Celia,2008);④水岩体系中各种离子的来源分析以及水(气)与矿物之间可能发生的各种作用(如氧化还原、离子交换、沉淀、溶解交换等)研究(Koshi Nishimura,2009;王焰新 & 高旭波,2009);⑤不同水化学特征来源水的混合过程分析,在此基础上研究不同类型水化学特征的形成作用及水-岩相互作用过程(Wang & Shpeyzer,1997;Gao et al.,2007)。

作为水-岩相互作用研究的主要手段之一,水文地球化学模拟在最近的50年里得到了长足的发展,并成为水文地质学和地球化学研究领域的生力军。水-岩相互作用模拟始于20世纪60年代初,以Garerels & Thompson对天然水化学进行模拟的研究(1962年建立的海水离子络合模型)开始至《溶解矿物和平衡》一书的出版(Garerels & Christ,1965)标志着地下水地球化学模拟基本理论体系的建立。20世纪70年代以前主要是获取矿物及有关化合物的热力学参数、建立理论体系(Robie et al.,1978)。从20世纪60年代末开始进入水-岩作用计算机模拟时期,研制出各种计算机模拟软件,并开始考虑非平衡化学动力学问题(Parkhurst et al.,1980,1982;Plummer et al.,1991;Schecher & McAvoy,1991)。

目前水文地球化学模型建立在以下两个方向:①对大量矿物和水溶液热力学数据的测量、评价和归纳(Tebes Stevens et al.,1997);②引入这些数据对复杂的水-岩系统进行精确的计算机描述。而地球化学模拟的发展方向业已扩充为如下几个方面:①用于解释观察到的数据的反向模拟技术(Hendricks Franssen et al.,2009;Plummer,1984;Vermeulen et al.,2005);②用于模拟水-岩系统中化学演化的正向模拟技术(Parkhurst,1997;马腾等,2000;王焰新&李永敏,1998);③化学反应与溶质运移耦合的反应性溶质运移模拟技术(Tebes Stevens et al.,1998;Toride et al.,1993;Morris et al.,1990;Khadilkar et al.,2005);④水-岩相互作用系统中外界因素对矿物溶解速率影响的化学动力学模拟技术(Ball & Nordstrom,1991;Merkel et al.,2005)。通过水-岩相互作用过程分析和水文地球化学模拟可以达到揭示地下水与含水岩层之间物质及能量的交换过程,从而实现对地下水中物质来源的判定。

1.2.4 水化学-同位素方法

一般来说,当各种输入来源的水化学和环境同位素特征存在明显的差异时,就可以依据水化学指标实现对地下水系统中物质来源的判定。

水化学-环境同位素技术为地下水的深入研究提供了新的手段。尤其在地下水形成及其变化的分析上提供了新的信息。环境同位素水文地球化学就是通过研究地下水天然同位素的组成、分布和变化规律,并运用这些规律解决各种水文地质问题。环境同位素是指天然存在或非人为目的进入环境的同位素,包括环境稳定同位素和环境放射性同位素。环境稳定同位素形成、分布和演变主要受形成温度的制约,往往在不同物质或同一种物质的不同相中产生分馏现象,成为天然的示踪剂。在水文地质研究中可用于研究地下水和地表水的环境同位素组成,探讨其补给、径流、排泄、不同来源水的混合、水年龄等有实际应用意义的水文地质问题(Fritz & Fontes,1980;Clark & Fritz,1997)。

1.2.4.1 锶同位素

近30年来,锶同位素的研究已逐渐从岩浆及成矿热液来源、演化转向环境地球化学领域,尤其是在地球化学元素的环境示踪方面发挥了重要的作用。这种应用方向的转变与近年来获取的海水锶同位素数据的不断丰富密切相关。海水锶同位素数据为研究显生宙以来的地球化学演化提供了条件,同时也完善和拓展了锶同位素的理论及应用。

锶元素化学性质稳定,不同岩石中锶含量有明显差异,因此地下水中锶浓度的变化可以反映不同的环境特征(Faure,1986)。在自然界,锶有四种稳定同位素(相对丰度):^{88}Sr(82.6%)、^{87}Sr(7.0%)、^{86}Sr(9.9%)和^{84}Sr(0.6%)。^{84}Sr对^{86}Sr和^{88}Sr的同位素比值在所有的矿物中是常数,但$^{87}Sr/^{86}Sr$的比值由于^{87}Sr是^{87}Rb历经地质时期衰变的产物(半衰期4.89×10^{10}a),因此会发生变化。但由于它的衰变过程非常缓慢,因此不同来源的锶同位素值可以认为是不变的(McNutt et al.,1990)。

由于锶特殊的地球化学性质,近年来锶元素作为示踪元素在水文地质研究中得到了广泛的应用。锶的基本地球化学性质决定了锶元素作为示踪元素的两个优点:①不同岩石中锶含量有明显的差异,因此地下水中锶浓度的变化可以反映不同的环境特征(Shand et al.,2007);②锶元素化学性质稳定,锶同位素不受质量分馏的影响。因此水中的$^{87}Sr/^{86}Sr$特征能反映地下水流经的土壤和不同含水层的$^{87}Sr/^{86}Sr$特征。在水文地质研究中常用Sr/Ca和同位素$^{87}Sr/^{86}Sr$的比值作为研究指标来确定水的来源(Banner et al.,1994;Blum et al.,1994;Bohlke & Horan 2000;Chaudhuri,1978;Goldstein & Jacobsen,1987;Heidel et al.,2007;Horst et al.,2007;Leung & Jiao,2006;Ojiambo et al.,2003;Uliana et al.,2007)。Sr同位素不会由于物理化学风化和生物过程而发生分馏。水体中溶解锶同位素组分在地下水演化的时间尺度内，不会由于衰变而发生变化，也不会由于溶解或沉淀而发生变化。因此锶同位素通常被应用到示踪地下水-岩相互作用的程度、地下水混合过程和地下水补给途径等研究工作中(Brenot Agn et al.，2008；Bullen，1996；Négrel et al.，2003；Shand et al.，2007；Wang et al.，2006；郎赟超等，2005)。

1.2.4.2 ^2H、^{18}O 同位素

^2H 与 ^{18}O 分别为氢、氧的稳定环境同位素。在天然水体中，含轻同位素的水分子($H_2^{16}O$)比含重同位素的水分子 $H_2^{18}O$ 及 HDO 更容易发生扩散而飘逸，因此在表层水体中重同位素的水分子浓度较非表层水体高(Datta et al.，1991；Krabbenhoft et al.，1990)。实际工作中也发现，由于水汽蒸发、冷凝以及水体浊的混合作用引起的水体中氢、氧同位素组成的再分配现象，再分配的结果常常会导致其含量分布的非均匀性(Siegenthaler & Oeschger，1980)。

大气降水的氢、氧同位素组成变化主要表现为三种效应：①纬度效应，随着纬度升高，温度逐渐降低，大气降水中 δD 和 $\delta^{18}O$ 值逐渐降低；②大陆效应，随着远离海岸线，δD 和 $\delta^{18}O$ 值逐渐降低；③高度效应，海拔越高，δD 和 $\delta^{18}O$ 值越低。此外大气降水同位素组成变化还受季节、风向、雨量等多种因素的综合影响。作为地下水来源的降水，其氢和氧的同位素组成(δD、$\delta^{18}O$)因蒸发、凝结过程中环境条件(温度、高程等)的差异而发生变化，因此可利用其同位素含量的差异研究水分的来源。作为一种环境行为保守的天然稳定同位素，^2H 与 ^{18}O 通常用于示踪水体的来源、运移、交换与混合。将氢、氧同位素与其他环境同位素相结合，用于研究水文地球化学过程：研究地下水的来源、运移、混合和循环等具有独特的优势(Christopher et al.，2008；Datta et al.，1996；Ghomshei & Allen，2000；Mazor et al.，1993；晁念英等，2006；王焰新等，1997)。

1.2.5 岩溶水系统对气候变化和人类活动的响应

全球环境变化(简称"全球变化")是目前和未来人类及社会发展面临的共同问题。全球变化既包含了全球气候变化又包含了人类活动造成环境变化的影响。了解自然变化和人类活动的影响是国际地球科学发展最为关心的问题。2001 年 7 月 10 日在荷兰阿姆斯特丹举办的"全球变化科学大会"上，科学家首次将"水与全球变化的关联：世纪资源的挑战？"作为大会的第二重要议题加以讨论。大会报告集中在水科学问题的主题有：全球变化中的水问题——21 世纪资源的挑战。传统的水文学研究主要考虑水量的自然变化。但当代水科学研究需要考虑地球生物圈、全球变化以及人类活动等诸方面的影响。如当代水文地质学需要回答：人类活动对地下水循环及水资源有哪些主要影响？人类活动对地下水的演化如何产生影响？有什么地区、区域特征规律？如何量化人类活动对水资源变化的影响？

在全球水资源日趋紧张的情况下，地下水对全球变化的响应研究已受到普遍关注(Yuan Daoxian，2000；William，2001；施雅风等，1995)。同时地下水尤其是古地下水作为历史时期环境信息的良好载体，还对全球变化过程的解译具有重要意义(Edmunds，1993；张宗祜等，1997)。

气候变化(特别是大气降水)会对地下水的水质水量产生深刻的影响。施雅风等(1995)研

究了气候演变对西北水资源的影响,并重建了5000年以来古气候变化过程。Allen et al. (2003)研究了加拿大南部含水层对气候变化的敏感性特征。Bouraoui et al.(1999)设立了一个"局部气候发生器"来研究在CO_2倍增的情境下,气候变化对地下水可能产生的影响。Brouyere(2004)通过建立一个包含地下水流动系统的综合水文模型,来达到评价气候变化对地下水水质和水量影响的目的。气候变化不仅影响着地下水的补给与循环,同时也通过大气降水与气温变化来影响水-岩相互作用,进而使地下水水质发生变化。Dzhamalov(1995)通过对俄罗斯欧洲地区雨雪水和地下水水化学特征的研究发现,污染的雨雪水补给地下水是地下水遭受污染的主要途径之一。Wilkliam(2001)指出,未来几十年中人类活动影响下的气候变化将通过以下几种形式影响地下水资源:干旱、降雨和温度在年和季节上分布的变异导致地下水补给变化;由于土地利用方式的变化导致地下水蒸发的变化;地下水需要量的增加。

岩溶地下水系统,由于其属生态脆弱性,对气候变化和人类活动影响的敏感程度更高。我国岩溶水系统作为当地居民的主要供水水源,在气候变化和人类活动的影响下,近几十年水质水量不断衰退、恶化。针对这一情况,研究者们开展了有效的尝试工作。卢耀如等(1999)探索了"构造"与"气候"两大因素对岩溶发育规律及其水文地质环境演化的影响,对比了中国大陆及港台地区,以及中国和欧美等国一些典型地区岩溶与岩溶水文地质特征。郭清海等(2005)通过对我国北方岩溶大泉流量与气候变化的研究表明,泉流量可以很好地指示短时间尺度的气候变化,泉流量的衰减主要是由于气候变化引起的降水补给下降而导致的。

1.2.6 研究区工作现状

作为我国北方最大的岩溶泉之一,娘子关泉水资源开发与保护一直是当地政府部门的主要工作之一。而针对泉域岩溶地下水系统的研究工作也引起了国内广大学者的广泛关注。其中代表性的有:"山西省娘子关泉域岩溶水评价及其开发利用评价报告"(1983),"山西省阳泉市地下水资源评价报告"(1987),"阳泉市环境水文地质研究报告"(1989),"阳泉市水资源规划、管理研究"(1992),"娘子关泉水帘洞泉断流原因研究报告"(1993),《岩溶水系统——山西岩溶大泉研究》(韩行瑞等,1993),"阳泉市水资源供需分析及对策"(1998),"阳泉市水资源评价报告"(2004)。这些报告对泉域地下水系统和水资源现状进行了详细的描述。周仰效(1987)通过对娘子关泉域区域地质构造和水文地质条件分析的基础上认为,娘子关泉为区域地下水的排泄中心。排泄区相对于补给区域犹如一个大型"抽水井",补给区分南北两翼带状展布。受此补排条件控制,地下水流场总体表现出在区域一定范围内形成宽缓的降落漏斗,汇集地下水径流。南北两翼两个水位低凹带形成补给泉水的主要补给径流带。阳泉三矿以西上覆石炭二叠纪地层,岩溶水垂向无补给,水平径流条件差,地下水相对处于滞流状态。泉域岩溶水系统可以分为四个区:补给径流区(南北翼)、汇流区、排泄区和滞流区。刘再华(1989)在研究娘子关泉群泉水来源时,依据岩溶等水位线图,认为泉域主要存在四条径流带,即北西-南东径流带、东西径流带、泉域西部南北径流带和泉域东部近南北径流带,前三条径流带从泉域以西向东径流汇集,而最后一条径流带则从泉域以东由南向北径流。娘子关第一组泉水(程家泉、城西泉和西武庄泉)主要来自泉域南部即泉域以东,南北径流带水的补给;而娘子关第二组泉(坡底、石板磨、五龙、水帘洞、苇泽关、滚泉、桥墩)则主要来自泉域西、北及西靠南的水即泉域东西径流带、北西-南东径流带和泉域以西,南北径流带水的混合补给。根据全流域内岩溶地下水系统储存和运动特征,韩行瑞等(1993)将泉域岩溶水系统划分为三个水动力区:地下水补给径流区(A)、地下水汇流区(B)和地下水排泄区(C)。A 区主要是与补给面积有关的天然补给区;B 区除了来自补给区的天然补给外,还有巨大体积的储存和调节能力;C 区主要由几组溶隙管道组成,没有多少储存能力。孙连发(1997)将泉域地下水系统划分局部流动系统、中间流动系统和区域流动系统,并通过泉钙华反演了不同历史时期的岩溶地下水系统发育状况。同年,为了探明娘子关泉群水帘洞泉与五龙泉等泉的水力联系,王焰新等(1997)运用水化学-同位素方法揭示了各泉点的水动特性:程家泉和城西泉与其他各泉水力联系较弱或无水力联系,在二者的水资源量组成关系中,以局部流动系统来水为主,程家泉(井)还明显受到了地表径流渗漏的补给。水帘洞泉在断流前后,来水由以局部流动系统为主变为以区域和中间流动系统来水为主。其余各泉均为不同空间尺度的地下水流动系统来水混合、排泄的产物,其中,苇泽关、五龙泉是区域和中间流动系统的两个主要排泄去路。

  以上文献说明,在娘子关泉域岩溶水系统划分中尚存在一些未能达成一致认识的观点。针对这一现象有必要利用地下水动力场和水化学-同位素方法来重新认识岩溶水系统,深入分析泉域水文地质条件,对区域地下水系统进行详细的刻画。

  从地下水水质的角度来看,泉域岩溶水离子含量总体均较高,尤其是 SO_4^{2-} 和 Ca^{2+}、Mg^{2+} 含量,最高可达数千毫克每升(SO_4^{2-})。针对这一现象,前人也开展了详细的研究工作。唐健生等(1991)将岩溶水系统化学组分的形成概括为:碳酸盐岩的溶蚀→石膏的溶解和阳离子交换→上覆盖层钠盐进入地下水→黄铁矿氧化水解,进一步促进碳酸盐岩的溶蚀作用。李义连等(2002)通过对娘子关泉群钙华的碳、氧同位素分析,研究了娘子关岩溶水系统的水质演化规律,地下水中 SO_4^{2-} 及 Ca^{2+}、Mg^{2+} 主要来源于石膏溶解及黄铁矿氧化,分别占 30% 及 60%~70%。并利用 PHREEQC 模拟软件,模拟计算了泉域内岩溶地下水的矿物饱和指数,发现方解石、白云石、石膏等矿物处于溶解饱和状态。进一步的工作,经过模拟该区可能的化学条件(地下水中 CO_2 分压)及相应条件下的矿物溶解状态,同时结合野外溶解实验推断所处条件范围,推测出地下水与其溶解矿物所处极限状态应为饱和状态,而实际常常应处于非饱和状态,若计算为过饱和状态,则应可能是分析数据错误所致。段光武等(2006)运用硫同位素对泉域岩溶地下水中硫的来源进行了分析研究,得到结论:灰岩渗漏段的河水、岩溶区的库水均与附近岩溶地下水联系密切,渗漏是地表水污染地下水的主要途径。岩溶地下水中 SO_4^{2-} 主要来源于石膏溶解及矿坑水入渗。大部分水样中矿坑水来源的 SO_4^{2-} 占总含量的 30% 以上,张晓博等(2016)的平衡计算表明,矿坑水来源的 SO_4^{2-} 占比为 1.11%~27.05%。上述研究表明,石膏溶解与矿坑水入渗是岩溶地下水中 SO_4^{2-} 升高的主要原因。但是除 SO_4^{2-} 外,在泉域局部地区的岩溶水中还存在一些微量组分超标现象,针对这些特定地点的污染物来源分析也是很有必要的。

  前人对泉域岩溶水系统的研究已经取得了丰硕的成果。但随着人类活动广度和深度的加强以及全球大环境的变化,岩溶水系统正在经历着新的演化发展。此外前人的一些研究成果之间尚存在一些未完成的工作,以及在某些成果上的相互不吻合现象。因此有必要系统地对泉域岩溶水系统及其子系统进行圈划,对岩溶水中的物质来源加以分析,理解形成岩溶水水化学的水文地球化学过程,研究在全球变化驱动下岩溶水系统的水量和水质的演化特征,揭示岩溶水演化的机理,以期在水循环和水环境方面取得新的进展。

1.3 研究内容与工作方法

娘子关岩溶水系统是中国北方岩溶的典型代表之一,属于地质、水文地质研究程度较高的地区。早在20世纪就开始了区域地质调查,中华人民共和国成立以来,为解决该地供水问题,地矿、城建、水利、煤炭、化工、冶金以及中国科学院等有关部门在区内曾相继开展了不同规模和不同精度的水文地质勘察、试验及科学研究工作。上述这些研究工作取得了较为系统和完善的基础资料。中国地质大学(武汉)众多学者也在研究区开展了大量的水资源和水文地质研究工作,取得了丰硕的研究成果。

本专著是在前人研究成果的基础上开展的。在项目的研究过程中,已对研究区的地质、构造和水文地质条件等进行了深入分析,并收集了大量的气象、水位、水量、水力学参数和水化学等资料,对岩溶水系统进行过大面积的采样与水化学和同位素的测试工作,并且对研究区岩溶水系统划分、地下水流场、介质场、水化学场及环境地质问题等进行了研究,为本次研究奠定了良好的工作基础。

从2006年至今,我们开展了大量的野外工作,补充采集了水样点50余个、岩样32个、土样45个,进行了水化学和同位素数据(包括氢、氧、锶、硫)的测试,并开展了岩石矿物测试等工作,取得了大量的第一手资料。上述工作为本次研究提供了坚实的研究基础。

1.3.1 研究内容

选取山西省娘子关岩溶地下水系统为研究对象,通过野外调查和资料分析,查明水系统的补给、径流和排泄条件,并综合地下水动力场分析、水文地球化学模拟方法、水化学-同位素地球化学方法,实现对岩溶水系统及其子系统进行圈划、对岩溶水中的物质来源加以分析、理解形成岩溶水水化学的水文地球化学过程、研究在全球变化驱动下岩溶水系统水量和水质的演化特征、揭示岩溶水演化的机理。为合理开发娘子关岩溶水资源提供科学的依据。丰富地下水与全球变化研究的内容,以期在水循环和水环境方面取得新的进展。

主要研究内容包括以下几个方面。

(1)岩溶水系统及其子系统进行圈划:确定岩溶水系统补、径、排区域;确定岩溶水系统子系统。

(2)岩溶水系统的物质来源:降雨对岩溶水物质组分的贡献分析;补给区岩溶地下水水化学成因分析;不同类型地下水之间相互联系,及其对地下水水化学特征形成的影响;石炭二叠纪层间水越流补给对岩溶水水化学的影响;局部区域岩溶水水化学异常分析;沿补给—径流—排泄区岩溶地下水水化学演化特征。

(3)岩溶水系统地球化学演化及其对气候变化和人类活动的响应:气候变化与岩溶泉水资源参数的相关性分析;气候变化与岩溶泉水质演化的相关性分析;气候因素下岩溶水水质演化的水文地球化学模拟;气候变化和人类活动因子驱动下岩溶水水质演化的模式分析。

(4)岩溶水系统开发与保护措施的有效性评估。

通过本论文的研究拟解决以下问题:①在前人成果的基础上,进一步确定岩溶水系统子系统;②全球变化驱动下岩溶水水化学演变及其机理分析;③系统分析岩溶水中污染组分的物质来源。

1.3.2 工作方法

本研究工作采用以下方法开展(按研究内容分述之)。

(1)岩溶水系统及其子系统圈划。

根据区域水位、水量、地质、构造、水文地质条件、地层剖面等的分析,确定地下水水流场,确定岩溶水系统补给区、径流区、排流区、滞流区(部分学者认为存在)边界;采用氕、氧、锶同位素确定地下水的补给来源及补给区域;运用离子比值、水文地球化学图解、同位素数据分析不同类型水的水力联系情况;结合当地钻孔资料、水化学资料初步划分岩溶子系统,并运用水化学-同位素方法加以判定;在以上条件分析确定的基础上,确定地下岩溶水补给—径流—排泄的流动途径及流动模式。

(2)岩溶水物质来源分析。

依据岩溶水水化学分析数据构建区域岩溶水系统水化学场;综合运用水化学-同位素方法,分析降雨、地表水、越流水对岩溶地下水的水量贡献及物质输入贡献;运用水文地球化学模拟手段分析不同气-水-岩相互作用程度对岩溶地下水的物质输入及对岩溶水水化学形成的贡献,分析局部水化学异常形成机理;在以上条件分析确定的基础上,分析沿补给—径流—排泄区岩溶地下水水化学演化特征。

(3)岩溶水系统对气候变化和人类活动的响应。

分析在气候变化和人类活动的驱动下,岩溶水的水质演化特征结合降雨水通过水文地球化学模拟,揭示全球变化对岩溶水水质演化的驱动机理及演化模式;以水化学、硫同位素、锶同位素和氢氧同位素为标准,分析不同时期人类活动对岩溶水水质变化的影响。

(4)评估岩溶水开发与保护措施,提出合理化建议。

1.3.3 样品采集与测试方法

为完成研究区岩溶地下水系统地球化学演化研究及其相关内容的分析,我们在研究区开展了水样、岩样和污染物样品采集工作。

所有样品均在采集时用 GPS 实时定点,并在线测定水样 pH、Ec、Eh 和水温等指标。水样容器为 550ml 的高密聚乙烯瓶,在取样前先用去离子水清洗至少三次,取样时再用待采水样润洗三次,并确保采集的水充满整个取样瓶。根据分析项目不同确定每个采样点需采集的水样数目和处理方法。水样采集后应加相应的保护剂保存处理,及时运到室内并在规定时间内进行测定。例如,用于常量与微量元素分析的水样需采集三个子样。其中之一用于碱度分析,在取样当天用酸碱指示剂滴定法测定;其余两个子样在采样当天用带 $0.45\mu m$ 滤膜的简易过滤装置过滤处理,以去除水中的各种悬浮物,分别用于阴离子分析和金属元素分析,用于金属元素分析的子样应在过滤处理后加入 1:1 的 HNO_3 酸化至 pH 值小于 2。

选取有代表性的部分样品进行了氕、氧和锶同位素分析。地下水从钻孔/井中取样,采集后立即进行密封保存,避免样品与空气之间进行同位素交换以及样品因蒸发而导致的同位素分馏。

本次研究,阴离子 F^-、Cl^-、Br^-、NO_3^-、HPO_4^{2-}、SO_4^{2-} 等采用 DX-120 型离子色谱仪(美

国 DIONEX 公司)进行测定分析;金属元素,如 K、Na、Ca、Mg、Ba、Sr、Fe、Mn、Cr、Cu、Pb、Zn 采用 IRIS INTRE Ⅱ XSP 型 ICP-AES(美国 Thermo Electron 公司)进行测定。以上分析均在中国地质大学(武汉)环境学院实验室完成。D 和 ^{18}O 同位素的室内预处理及分析在原中国地质调查局宜昌地质矿产研究所进行,所用仪器为 MAT251 气体质谱仪,测试误差为 ±0.2‰;$^{87}Sr/^{86}Sr$ 分析在中国地质大学(武汉)地质过程分析测试中心完成,同位素比值由德国 Finnigan 公司的 MAT-261 型热电离质谱仪 TIMS 测定。$^{87}Sr/^{86}Sr$ 测试精度为 0.000 010。

代表性岩样分别在一新钻孔处和岩层露头处采集,共采集样品 53 个。有选择性地进行了矿物成分和化学全分析以及锶同位素分析,以研究其地球化学特征和区域地下水化学演化之间的相关性分析。矿物成分、化学全分析和锶同位素比值均在中国地质大学(武汉)地质过程与矿产资源国家重点实验室完成。

§2 研究区地质背景

2.1 研究区概况

2.1.1 地理位置

娘子关岩溶水系统位于山西省东部,涉及的行政区有阳泉市的市郊区、平定县、盂县,晋中市的昔阳、和顺、左权、寿阳及榆次市,太原市区及阳曲县十个市县区(图 2-1)。东部与河北省毗连,地理位置介于北纬 36°55′—38°15′、东经 112°20′—113°55′之间,全区总面积 7436km²,碳酸盐岩是区内最主要的岩石类型。

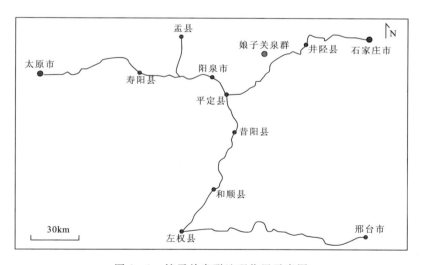

图 2-1 娘子关泉群地理位置示意图

2.1.2 地形地貌

岩溶水系统内除部分地区分布有山间盆地和河流谷地外,大部分属中低山地区,总的地势是南北高、中间低,西部高、东部低,中间的绵河、温河、桃河地区较低,最低点为苇泽关下游的绵河河谷,海拔只有 342m,最高点为盂县的大梁山,海拔 1874m。寿阳盆地、西烟-凌井盆地、泊里盆地,平定、昔阳、和顺、左权县城附近地形切割轻微,较平坦。岩溶水系统内地貌形态受地质构造所控制。燕山运动使古生代地层发生褶皱和断裂,奠定了该区的地貌雏形。在喜马拉雅造山期随着东部华北平原进一步沉降,差异性升降运动为外营力提供了足够能量,加上雨水对岩石长期的冲刷雕琢,逐步形成了现代地貌格局。

地貌形态按成因可划分为溶蚀构造、构造剥蚀和侵蚀堆积三大类。

2.1.2.1 溶蚀构造中低山地貌

该地貌大面积分布于盂县、阳泉市郊、平定、昔阳、和顺、左权一线的北部及东部地区,由寒武纪、奥陶纪碳酸盐类可溶岩所组成,最高海拔1874m,一般海拔700～1600m,切割深度400～600m,山脊呈锯齿状,为尖山顶和圆山顶,山坡凸形,石灰岩、白云岩多形成陡坎,泥灰岩多形成缓坡。地表沟谷发育,部分地区发育有大小不等的陷落柱。牛川、泊里有吕梁期夷平面,西回、盂县、管头等地有唐县期夷平面分布,河流两岸陡壁溶孔、溶洞发育,娘子关泉群附近有大片泉华分布。本区属于半湿润、半干旱气候条件下的北方岩溶区,具有典型的北方岩溶地貌特征,其主要岩溶形态有:溶蚀-侵蚀干谷及干沟,洼地、漏斗和夷平面,溶蚀-侵蚀-构造山岭,溶洞和岩溶泉。

干谷、干沟在岩溶水系统内分布最为普遍。本区内桃河从阳泉白羊墅至程家段(39km)、温河从温池至坡底段(43km)、南川河自南崭石到乱流段(23km)、松溪河自龙凤垴至东西壁段(15km)、清漳河东源和顺至新寸段(15km)、清漳河西源左权至王家店段(10km),都是碳酸盐岩裸露区分布段,总计干谷段长145km。干谷两岸溶蚀裂隙发育,地下水位埋深大,河床漏水能力强,除洪水期有短暂的洪流外,其他时间干枯无水。河流的入渗补给是娘子关泉的重要补给来源之一。近年来,由于污水排放量大,河道中淤积大量污染物,成为岩溶地下水的主要污染途径。

洼地、漏斗和夷平面主要分布于岩溶水系统东部地区,如昔阳东铺上洼地(面积1.5km^2),其中分布有第三纪红土及第四纪黄土,底部有落水洞。西烟-凌井盆地为一典型的岩溶盆地。昔阳闫庄盆地(面积10km^2),盆地中有溶蚀残丘,盆地呈椭圆形封闭状,内有黄土及红土充填。平定西回、盂县盆地是唐县期溶蚀-侵蚀盆地。

溶蚀-侵蚀-构造山岭,区内正地形为一系列走向与构造线一致的可溶岩组成的山岭,其形态基本与常态山相似,但在基岩裸露区有溶痕、溶隙发育,在某些山麓有石灰岩角砾分布。切割深度一般100～300m,山顶及阴坡多有黄土覆盖,一般水土流失较严重。

岩溶泉和溶洞是本区最主要的岩溶水文地质现象,如娘子关泉、兴道泉、凉沟桥泉、东固壁泉等。娘子关泉群位于平定县娘子关镇附近,出露于桃河与温河交汇的上、下游段。由11个主要泉组成,分布在自程家至苇泽关约7km河漫滩及阶地上。出露高程360～390m,泉群1956—2005年多年平均流量为9.60m^3/s,天然状态下,泉水流量年际不稳定系数为0.7～0.9,属稳定型泉水。在桃河沿岸谷壁及古岩溶洼地壁上可见大型水平溶洞,洞内有石灰华及钟乳石,为典型的小型岩溶管道状溶洞,如张阁老洞、西仙神窑洞、仙翁洞、白云岩洞等。

2.1.2.2 构造剥蚀中低山地貌

该地貌主要分布于盂县、平定、阳泉西侧与阳盂、阳左公路两侧,由石炭纪、二叠纪煤系地层及三叠纪砂岩构成,岩层产状平缓,倾角一般低于10°。地形一般标高800～1000m,最高标高1613m,切割深度在西部较大,一般为200～400m;东部较小,一般低于200m。山顶形态多平坦微有起伏呈浑圆状,山脊不明显。山坡在西部沟谷深切地区较陡,而且受二叠纪地层岩性砂岩、页岩互层之软硬相间结构的影响,山坡多呈阶梯状,沟谷形态多呈"V"字形;东部浅切割地区山坡较缓,沟谷形态多呈"U"字形,地形切割密度 0.37km/km²,河谷中常年有水,并堆积有较厚的冲洪积层。

2.1.2.3 侵蚀堆积地貌

该地貌主要包括河漫滩阶地堆积、黄土丘陵、山间盆地、谷地等次级地貌。河漫滩阶地堆积,分布于桃河、温河、松溪河、潇河、清漳河及寿阳盆地白马河等较大河流沿岸。桃河两岸发育有四级阶地,温河沿岸仅保留有Ⅰ、Ⅲ级阶地,其他支流一般仅分布Ⅰ—Ⅱ级阶地,Ⅰ级阶地多为堆积阶地,Ⅱ、Ⅲ级阶地为基座阶地。黄土梁、峁及丘陵,在寿阳盆地有集中分布,其余呈零散状分布,标高一般在 800~1100m,沟谷相对发育,地形支离破碎,一般没有明显的山脊,山坡平缓,沟底出露基岩,沟谷切深一般在 20~40m,且多呈"U"字形。该区是水土流失较为严重的地区。山间盆地、宽谷、洼地,分布于盂县县城、苌池、平定东回及寿阳一带,一般标高 900~1700m,盆地内堆积易侵蚀的黄土或次生黄土,地形支离破碎,冲沟发育,切割深度 20~40m,切割密度 2.4km/km²,冲沟两壁较陡,多呈"V"字形及"U"字形,盆地及宽谷中地势较平坦,沿河谷两岸发育阶地,盆地边缘与基岩接触带受外源水侵蚀,黄土区发育成丘陵地貌。

泉域内河谷阶地地形分布特征分述如下。

(1) Ⅰ级阶地(含河床、河漫滩):桃河、绵河及温河石桥以下河段,河床及漫滩由 Q_4^{al} 砂砾石所组成,Ⅰ级阶地高出河漫滩 2~4m,具"二元结构",宽 10~30m 不等,台面宽广平坦。温河石桥以上河段,河床及漫滩由 Q_2x^2 灰岩所组成。河谷形态多为"V"字形和"U"字形,"谷中谷"地貌发育,说明第四纪以来该区有间断上升。

(2) Ⅱ级阶地:多以不对称形式分布于河流凸岸,相对高度 25~40m,台面宽 150~300m,多由 Q_3^{al} 砂砾石及亚砂土所组成(部分地区由泉华构成),厚 20~30m,阶地底座由 O_2x 灰岩及 O_1 白云岩所构成。

(3) Ⅲ级阶地:为基座阶地,相对高度 70~100m,宽 250~500m 不等。台面多被冲沟破坏或改造成梯田,主要由 Q_2^{al} 棕红色黄土状亚黏土所组成(底部夹砂砾石)。

(4) Ⅳ级阶地:零星分布于坡底、石桥、西塔崖、程家一带。标高 530~560m,相对高度 120~170m,由基岩构成,上覆 Q_1—Q_2 薄层砂砾石及棕红色黏土、亚黏土(为冰碛层)。残留面宽 100m 左右,多形成孤立的小平台,但这些台面可大致连成一个平坦的阶地面。

2.1.3 气象与水文

娘子关岩溶水系统属暖温带大陆性季风气候,一年中四季分明,常年受西北环流带影响,一般每年 11 月至翌年 5 月受西伯利亚寒流影响,西北风盛行,干旱少雨(雪),蒸发强烈;6~9 月,受太平洋暖湿气流控制,多东南风,降水集中,多呈阵雨间或暴雨发生。多年平均水面蒸发量 1202mm(2601 型蒸发器),多年平均气温 10.9℃,1 月份平均气温 -4.6℃,极端最低气温 -28℃,7 月份平均气温 24.3℃,极端最高气温 40.2℃,年均无霜期 180 天左右。全区多年平均降水量 505.23mm(1956—2005)。降水高峰出现在 7、8、9 三个月份,汛期降水量占年降水量的 80% 左右。降水量空间分布也不均一,南部昔阳、和顺、左权山区多年平均降水量在 540mm 以上,阳泉市一带在 520mm 左右,而东部如东木口、东回、石门口、南阳胜的多年平均降水量在400mm以下。降水量年际变化较大,全部16个观测站平均最大年降水量达887.05mm(1963),最小年降水量303.44mm(1972),年降水量离差系数为0.28。

岩溶水系统内除潇河属黄河流域的汾河水系外,其余河流均属海河流域子牙河水系。其中较大支流有温河、桃河、绵河(温河、桃河汇流后称绵河)、清漳东源、清漳西源等。

温河西源发源于盂县南娄乡的西南庄村之西的方山东麓。流经长35.5km,流域面积477km²,多年平均流量$0.47×10^8m^3/a$。北源发源于盂县北下庄乡西麻河驿村,全长32km,流域面积167km²,年径流量$0.12×10^8m^3/a$。两河于盂县温池汇合后称温河。

桃河发源于寿阳县东部的土径岭,由西往东流经阳泉市区至娘子关的磨河滩村与温河相汇。桃河在本区流经长约80km,流域面积1086km²,多年平均流量$0.4×10^8m^3/a$。

岩溶水系统内地下水与地表水是相互联系和相互转化的。西部碎屑岩区地下水排泄成为河床清水流量,到达下游碳酸盐岩裸露区后渗漏补给岩溶地下水,这部分水经过地下渗流汇集,最后又从娘子关泉口排泄转化成地表水。地表水和地下水是一个繁杂的统一体系,特别是在人类活动的影响下,地表水与地下水在质与量方面的转化关系更为密切复杂。

2.2 区域地层概况

根据地表出露及钻探揭露的地层,主要为新生界的第四系和古生界的奥陶系及寒武系(表2-1)。现从新至老分布特征如下。

表2-1 娘子关泉域地层简表

界	系	统	组	代号	厚度(m)	主要岩性
新生界	第四系	全新统		Q_4	0~30	冲洪积砂卵石、砂、亚砂土
		上更新统	马兰黄土	Q_3	0~40	风积黄土及冲洪积黄土夹砂砾石和钙质结核
		中更新统	离石黄土	Q_2	0~10	残坡积红色黏土夹钙质结核,古土壤层及砂砾石层
		下更新统	松塔组	Q_1	0~40	冰碛红土、砾石层
	第三系		静乐组	N_2j+ $N_2\beta$	0~10 0~135	残坡积红色黏土火山喷发玄武岩
中生界	三叠系	中统	铜川组	T_2t	50~100	灰绿色、紫褐色砂页岩
			二马营组	T_2e	450~500	灰绿色、绿色中细粒长石砂岩及泥岩互层
		下统	和尚沟组	T_1h	40~160	紫红色钙质砂质泥岩夹紫红色中厚层细粒长石砂岩及薄层粉砂岩
			刘家沟组	T_1l	460~520	紫红色、浅灰红色中层细粒长石砂岩夹不稳定的紫色粉砂岩、砂质页岩和砾岩

续表 2-1

界	系	统	组	代号	厚度(m)	主要岩性
古生界	二叠系	上统	石千峰组	P_2sh	160~200	紫红色砂质页岩,顶部夹钙质结核层及薄层泥灰岩
			上石盒子组	P_2s	390~420	黄色、紫红色页岩,泥岩,砂质页岩,硬砂岩,长石砂岩
		下统	下石盒子组	P_1x	120~170	黄色、杏黄色砂质页岩,泥岩,中、细粒薄层石英砂岩
	石炭系	上统	山西组	C_3s	100~114	灰黑色页岩、泥岩、灰白色细粒石英砂岩夹煤2~3层
			太原组	C_3t	60~160	灰黑色砂页岩,夹三层灰岩及煤层(丈八煤可采)
		中统	本溪组	C_2b	30~60	灰色、黑色砂页岩,夹石灰岩。底部有铝土矿及赤铁矿
	奥陶系	中统	峰峰组	O_2f	80~150	生物碎屑灰岩、花斑状灰岩、泥灰岩,局部夹石膏
			上马家沟组	O_2s	125~275	泥晶灰岩、花斑状灰岩,下部泥灰岩,局部夹石膏
			下马家沟组	O_2x	125~225	石灰岩、泥灰岩、角砾状灰岩,局部夹石膏
		下统	亮甲山、冶里组	O_1l+y	123~203	含燧石白云岩、白云质灰岩,底部为薄层白云质灰岩及页岩
	寒武系	上统	凤山组	ϵ_3f	104~134	上部薄—中厚层细粒白云岩,下部中厚层粗、巨粒白云岩
			长山组	ϵ_3c	8~22	薄层竹叶状灰岩及白云质灰岩
			崮山组	ϵ_3g	10~23	薄层泥质条带灰岩及黄绿色薄层灰岩
		中统	张夏组	ϵ_2z	140~160	中细粒鲕状灰岩及条带状灰岩
			徐庄组	ϵ_2x	80~100	上部鲕状灰岩及泥质条带灰岩与紫色页岩互层,下部为紫色页岩
		下统	毛庄组—馒头组	ϵ_1mm	24~122	紫红色薄层页岩夹细粒鲕状灰岩及白云岩,底部为薄层细粒石英砂岩
元古宇	长城系			Ch	10~200	白云岩及石英砂岩、页岩
	滹沱群			Pt		碎屑岩-碳酸盐岩-火山岩的浅变质岩系
太古宇				Ar		片麻岩、浅粒岩、变粒岩、片岩、斜长角砾岩

2.2.1 新生界第四系(Q)

(1)全新统(Q_4):主要分布于河漫滩及Ⅰ级阶地区,岩性以冲洪积的砂砾石、砂及亚砂土为主,厚5~30m。

(2)上更新统(Q_3):分布于Ⅱ级阶地区,主要为冲洪积黄土夹砂砾石,厚5~40m。

(3)中更新统(Q_2):分布于Ⅲ级阶地区,主要为冲洪积和残破积的浅红色黏土夹钙质结核及砂砾石,厚5~10m。

(4)下更新统(Q_1):分布于Ⅳ级阶地区,主要为冰碛的红色黏土夹砂砾石(成分以石英、燧石、砂岩及铁矿石为主),厚5~15m。

2.2.2 古生界奥陶系(O)

1. 中奥陶统(O_2)

中奥陶统主要由泥晶灰岩、花斑状灰岩、角砾状泥灰岩、白云质灰岩及少量石膏所组成,为一套浅海相-潟湖相交替出现的碳酸盐岩与硫酸盐岩混合建造。本统岩层韵律性强,按岩性、沉积旋回等特征可划分为三组八段,现分述如下。

(1)峰峰组($O_2 f$):厚140~164m。

上段($O_2 f^2$):厚80~90m,主要为灰色及黑灰色中厚层生物碎屑灰岩、花斑状灰岩夹金黄色或灰白色薄层状白云质泥灰岩。

下段($O_2 f^1$):厚60~80m,上部为灰黄色泥灰岩,黄色、粉红色角砾状泥灰岩及石膏,厚35~40m;中部为灰白色、青灰色中厚层白云质灰岩及花斑状灰岩,厚5~15m;下部为灰白色、灰黄色及粉红色泥灰岩,角砾状泥灰岩及石膏,厚20~25m。

(2)上马家沟组($O_2 s$):厚200~250m。

上段($O_2 s^3$):厚20~25m,灰色及深灰色薄中层状花斑状灰岩及白云质灰岩。

中段($O_2 s^2$):厚160~180m,灰色及灰黑色中厚层泥晶灰岩、花斑状灰岩、生物碎屑灰岩及薄层白云质灰岩所组成。

下段($O_2 s^1$):厚30~70m,上部为深灰色、浅灰色中厚层泥晶白云岩及灰质白云岩灰岩;下部为灰黄色及粉红色角砾状泥灰岩夹石膏及泥质白云质。

(3)下马家沟组($O_2 x$):厚155~176m。

上段($O_2 x^3$):厚45m。中上部为深灰色中厚层泥晶灰质夹花斑状灰岩及白云质灰岩;下部为深灰色、肉红色角砾状灰岩。

中段($O_2 x^2$):厚76m,灰色中厚层泥晶灰岩及花斑状灰岩。

下段($O_2 x^1$):厚30~40m,中上部为灰色及灰黄色中厚层角砾状灰岩;下部为灰绿色、灰黄色及青灰色微层与薄层泥灰岩,泥质白云岩;个别地区底部有一层厚约0.2m的肉红色含砾石英砂岩,为良好标志层。

2. 下奥陶统(O_1)

冶里亮甲山组,厚126~150m。主要由含燧石结核的亮晶白云岩及白云质灰岩所组成,为一套海相白云岩建造。中上部为微晶、细晶白云岩,及少量含泥质、灰质白云岩,所含燧石较下部少,且以结核为主;下部以灰白色中厚层含燧石条带或燧石结核的细晶白云岩和含泥质微晶白云岩为主;底部为黄色白云质页岩夹竹状白云岩(黄绿色白云质页岩稳定,为划分寒武系和奥陶系的标志层)。

2.2.3 寒武系($\in$)

(1) 凤山组($\in_3 f$):厚 104～134m。以灰白色及灰黄色中厚层粗晶、细晶白云岩为主。
(2) 长山组($\in_3 c$):厚 8～22m。以灰紫色及灰白色竹叶状灰岩与薄层状白云岩为主。
(3) 崮山组($\in_3 g$):厚 10～23m。以灰黄色薄层状泥质条带灰岩为主,底部为薄层状黄绿色页岩。
(4) 张夏组($\in_3 z$):厚 140～160m。以青灰色中厚层鲕状灰岩为主。
(5) 徐庄组($\in_3 x$):厚 70～80m。上部为泥质条带灰岩、鲕状及豆状灰岩;下部为紫红色页岩夹薄层鲕状灰岩。

2.3 区域构造特征

在大地构造上,本区位于山西中部太行山隆起区,正好处于三个次级构造单元的过渡地带,即阜平隆起南部、赞皇隆起西侧和沁水拗陷东北端,后者对本区局部构造影响最大,控制了本区地层的基本走向。泉域宏观的地层形态特征为北东向翘起、南西向倾伏的簸箕状向斜构造。该区在漫长的地质年代里,经历了多次构造变动,形成了不同类型的构造体系,彼此联合、复合在一起,显得十分复杂,但它们各有其自身的展布规律和组合特点。在上述的构造格局下,又叠加了次一级的构造形迹(图 2-2)。

2.3.1 泉域西北部北东向构造带

该区以北东向构造为主,但由东西向构造和南北向构造与其联合及复合。明显的北东向构造有寺家坪-张家河断褶带、东山背斜及北东向北砖井-西沙沟-杜家山断裂带。

2.3.1.1 寺家坪-张家河断褶带

从北向南大致由三段组成,北段与南段均为压扭性断裂,走向为 NE45°,最大断距 250～300m,北段 $\in_1$ 页岩仰冲盖在下盘 $\in_2$ 鲕状灰岩之上,部分地段有闪长岩侵入;中段阳坪望背斜轴部 O_1 地层已出露地表(地面标高 1100～1200m);南段温家山压扭性断裂,断于 $O_2 s$ 地层之中,平面上呈弯曲波浪状。

2.3.1.2 太原东山背斜

轴部为 O_2 灰岩,两翼为 C_2 及 P 地层,东北部翘起,西南部倾伏。该背斜在地表和地下均为分水岭。

2.3.1.3 北砖井-西沙沟-杜家山断裂带

该断裂带分布于榆次北山一带,由两条走向北东的断层所组成,均为南盘下降的正断层,

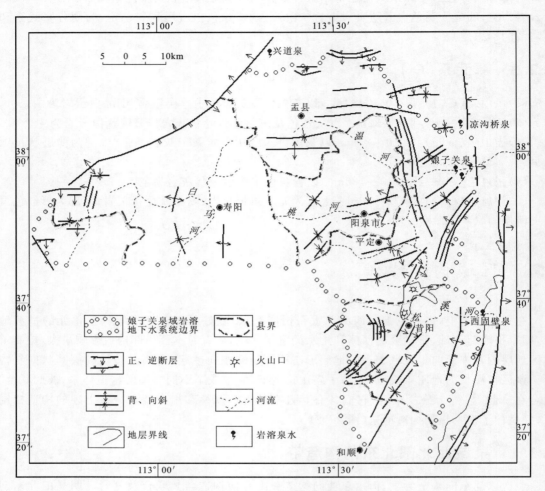

图 2-2 娘子关泉域范围构造纲要图

靠近边山的一条断距 100m 左右,南侧的一条断距达 800m 以上。靠近边山的一条断裂以南新生代地层沉积很薄,厚度不足 100m,主要为砂卵石及砂层,其下为三叠系刘家沟组砂页岩,南侧的一条断裂带新生代地层厚度可达 954.4m,其下为三叠系二马营砂页岩,该断裂为阻水断裂。

2.3.1.4 西蒜峪-观家峪东西向褶断带

该褶断带主要分布于太原市东南部及榆次市的西北部,东西长 16km(水峪—平地泉),南北宽 10km(孟家井—施家凹)。其中以孟家井至观家峪一带最为发育,卷入地层为石炭系、二叠系及奥陶系。其构造形迹以东西向紧密平行排列的压性正断层及其相间的褶皱为主,表现形式为一东西向的褶断带。该褶断带大约由 8 条断层组成,其中 6 条集中于观家峪附近。垂直断距一般小于 100m,褶皱两翼倾角多介于 10°~20°之间。其中延伸较远的有孟家井断层(延伸 4km)、董家庄北正断层(延伸 8km)、观门前正断层(延伸 5.5km)和施家凹正断层(延伸

5km)。这一褶断带为太原市岩溶水由西向东排向娘子关创造了有利条件。

2.3.1.5 郭家山南北向断裂

该断层展布于寿阳郭家山以北,走向NE10°,东侧石炭纪地层为下降盘,西侧上升盘由$O_2 f$地层组成,断距200~400m,延伸约10km。

2.3.1.6 太原盆地东山南北向断裂带

该断裂带主要由走向近南北的三条断层所组成,三条断层皆为断层面向西倾的正断层,断距在100m左右。最东边的一条为马庄断裂,最西的一条为西吴断裂,中间的一条为郝庄-龙堡断裂。三条断层由东向西呈阶梯式错落。太原马庄、统计学校一带新生代地层厚度80m左右,其下为二叠纪、石炭纪及奥陶纪地层。太原马庄Ts-20号钻孔$O_2 f$顶板埋深650m,太原统计学校供水井$O_2 f$顶板埋深887m,太原煤校供水井$O_2 f$顶板埋深1000m,越向太原盆地内部$O_2 f$顶板埋深越大。该断裂带组成太原东山与太原盆地的弱透水边界,也就是娘子关泉域东部与太原盆地的弱透水边界。

太原市东山、榆次市北山、寿阳县的西南山地区是北东向构造、东西向构造和南北向构造带联合复合部位,奥陶纪灰岩岩溶裂隙十分发育,为岩溶水的储存和向娘子关运移创造了有利的条件。

2.3.2 泉域北部东西向构造带

泉域北部边界下古生代碳酸盐岩与太古宙变质岩接触地带,主要发育高角度压扭性逆冲断层,太古宙变质岩地层向南逆冲形成一系列东西向弧形断裂带,并组成系统北部隔水边界。盂县一带及平定北部老峆山一带分布一些近东西向的平缓、开阔、短轴波状褶曲及其相伴生的张扭性断裂。总体显示由北向南形成时代由老到新、构造强度由强变弱的特征。寒武系—奥陶系均向南缓缓倾斜,倾角一般5°~20°,构成走向东西向南倾斜的大单斜构造。

2.3.3 泉域外围东部南北向构造带

泉域东部及外围发育南北向构造带,主要为复背斜及压扭性断裂带,背斜核部为长城纪石英砂岩。所见断裂带多表现为逆冲和挤压特征,代表性断裂为营庄-簸箕掌大断裂。系统内东部昔阳、平定一带分布有走向近南北的宽缓褶皱和压扭性断裂,代表性的构造为南界都-斜峪沟断褶带,该断褶带为一先张后压扭的逆断层。北段为南界都断层,中段为背斜,南段为斜峪沟断层。总体显示出由东向西形成时代由老到新、构造强度由强变弱的特征。该断褶带以西奥陶系均向北西及西缓缓倾斜,倾角5°~20°,构成走向近南北的大单斜构造。据勘探资料,南界都-斜峪沟断褶带岩溶较发育,该断裂带附近O_1地层岩溶不发育,多形成系统东部单斜式隔水边界。

苇泽关断层、巨城-移穰褶断带为走向大体平行和同时形成的两个南北向构造带。

苇泽关断层位于苇泽关村东500m处,走向近南北并横切绵河河谷,长约7km(走向NE10°,倾向西,倾角75°~85°),破碎带宽30~50m,断距80~120m,是经历多期构造活动的断层。早期受东西向挤压形成背斜核部的二次纵张;后期受新华夏系扭应力作用,力学性质转变为压扭性。断层面有水平擦痕,西盘发育羽状节理,显示逆时针扭动特征。

巨城-移穰褶断带在地形上呈现略为偏西的北北西走向的长条形槽谷,实际上由两个走向北北西向的背斜、中为向斜及向斜两侧的两条压扭性断层所组成。局部地段断层未断开而以挠褶代替,并有挤压片理及构造透镜体,反映早期南北向构造带经后期新华夏系复合改造的特征。由于该褶断带形成负地形,下部中奥陶世灰岩连续接触,形成沟通南北径流带汇集岩溶水流的蓄水构造。

2.3.4 娘子关帚状构造

该构造展布于系统中东部的荫营、锁簧、娘子关一带,它是由发育在寒武系、奥陶系、石炭系、二叠系岩层中的一些走向北东的开阔、平缓褶皱所构成。由于南北向巨城-移穰褶断带的破坏,把该帚状构造分成东、西两部分;主要构造形迹有吊沟-圪套褶皱、盘石-小岩会-乱流向斜、黑毛沟-上庄背斜、阳泉向斜、南崭石褶皱等。据已有井孔资料表明,向斜轴部较富水。

2.3.5 泉域中南部新华夏系构造带

该构造带主要由走向 NE15°～25°,呈雁行状斜列,断距不大,延伸不远的压扭性断裂、小褶皱及相伴生的张扭性断层所组成。主要构造形迹有西固壁-闫庄断裂带、张庄-大寨-和顺断裂带、凤凰山断层、李夫峪断层、大寨地堑、柏木井褶皱、小河逆断层、左权向斜及昔阳老庙山莲花状构造。

张庄-大寨-和顺断裂带,节理裂隙发育,沿断裂带有新生代第三纪玄武岩喷发,说明近期较活动,它是形成岩溶地下水由南而北向桃河汇流的径流带的基础。

新华夏系主干断裂带反时针扭动过程中,生成了低序次的派生构造——昔阳老庙山莲花状构造。它是由发育在二叠系、三叠系中的 17 个开阔平缓的弧形褶曲构造组成的三个帚状构造环绕老庙山组成。每个帚状构造都呈现外旋层反时针扭动特性,老庙山为莲花山构造砥柱。受此莲花状构造控制,地表水系以老庙山为中心呈放射状分布。

新华夏系构造在泉域中部一方面表现为对早期构造的复合改造,另一方面在构造薄弱地带形成构造形迹。主要有小河压扭性断层,出露在小河一带(横切桃河),走向 NE15°～20°,倾向西北,倾角 36°～60°。石炭系本溪组明显地盖在 O_2f 灰岩之上。沿该断裂带上游西盘富水性强,如打在该断层上的小河斜井,在未打到断裂带前出水量不足 $2000m^3/d$,在该井巷中向北西方向钻进 50m 后,出水量增大至 $5000m^3/d$。柏木井向斜为一低凹带,北部伴生有北东向的背斜,背斜轴部 O_1 顶板相对南部抬高 100～200m,从而迫使槽内岩溶水向北流向威州泉岩溶水系统,构成系统东部局部阻水边界。

系统中部汇流区为南北向的构造,北东向构造及新华夏系构造复合交汇地区,不同时期、不同方向构造复合交汇,广泛发育北西、北北东及北东三组节理裂隙,经岩溶水溶蚀加宽,成为岩溶水主要赋存的空间和径流的通道。

2.3.6 泉域西部构造带

该构造带主要指榆次市东北部、寿阳西南部、左权西北部地区,奥陶纪碳酸盐岩深埋在二叠系、三叠纪碎屑岩之下,岩层平缓,构造变动微弱,补给径流条件差,构成相对滞流区。发育在三叠纪地层中的构造主要是南北向构造、北东向构造和沉涡帚状构造。

(1)该区主要的南北向构造有榆次东郝-胡家湾南北向隐伏断裂(延伸18km)、育红沟地堑、洞儿沟地堑、卧羊沟地堑、寿阳北庄断裂(延伸6km)、双鱼沟背斜(延伸7km)。以上断裂和背斜均发育在三叠系和尚沟组和刘家沟组中,断层皆为陡倾角的正断层。

(2)该区北东向构造带主要发育在左权西北部和寿阳西南部,主要展布于左权仪城、南万山和寿阳的西马泉及榆次的北合流—柏林头一带。以走向NE20°～45°、向东倾、延伸5～7km的正断层为主。部分走向北东的断层被走向NW290°的断层所截断,卷入地层为三叠系和尚沟组、二马营组及铜川组。该断裂带为燕山期的新华夏系构造,断裂带附近岩层破碎,为三叠纪裂隙水的储存和运移创造了有利条件。

(3)榆次育红沟南北向隐伏断裂为沉涡泉的出露创造了有利条件。

§3 岩溶及岩溶地下水系统

3.1 岩溶发育特征

研究区岩溶景观是在暖温带半干旱气候条件下形成的,属于我国典型北方岩溶景观。其主要特点:以溶蚀-侵蚀-构造中低山和溶蚀-侵蚀干谷(干沟)为主,其次为溶洞、溶蚀裂隙、溶孔、岩溶泉及泉华等。主要岩溶形态及岩溶发育规律描述如下。

3.1.1 岩溶形态

3.1.1.1 溶蚀-侵蚀干谷

在岩溶区的河谷中,地表水因漏失而形成的干涸河道称之为干谷。干谷是该区较普遍的岩溶形态。温河的电厂以上河段及桃河、温河的较大支沟均为干谷。干谷两岸岩溶裂隙发育,水位埋深5~10m不等,河床中基岩裸露,漏水能力强,除雨季有短暂洪流外,其他时间干涸无水。石桥以上温河"谷中谷"发育,说明新构造运动强烈。

3.1.1.2 溶蚀-侵蚀-构造山岭

区内正地形为一系列走向与构造线一致的可溶岩组成的山岭。常见的山岭为溶蚀-侵蚀-单斜或背斜山岭。在地层倾斜方向上山坡较缓,在逆倾方向上有陡崖和坍塌。山顶多呈浑圆及锥状。

3.1.1.3 溶隙

(1)节理溶隙:沿节理溶蚀扩大而成。一般张开程度差,沿此种溶蚀面有水流痕迹,也有灰华沉淀。沿此种溶蚀地下水运动较缓慢。

(2)层面溶蚀:沿可溶岩与弱可溶岩界面溶蚀扩大而成。如 O_2x 下部灰岩与泥灰岩接触面易形成层间溶蚀。

(3)溶隙密集带:沿断层带或裂隙密集带溶蚀扩大而成,溶蚀强烈,局部发育成裂隙式溶洞。如五龙泉、城西泉、苇泽关泉、水帘洞泉皆从溶隙密集带中涌出。这是排泄区岩溶水的主要排泄和传输通道。

(4)溶孔:在白云岩中和膏溶角砾岩中,无论在地表或地下均见大量溶孔,有时密集带成蜂窝状。

(5)溶洞:溶洞是地下水径流、排泄和传输的有利通道。尤其是在河流侵蚀基准面上下,由于地表水及地下水的溶蚀作用强烈,有利于岩溶发育。后经地壳上升,河流下切,溶洞才被抬高。因此,溶洞分布高度代表了地壳相对稳定时期,各层溶洞高差表示了地壳的上升幅度。该区溶洞按高度可大致分为四层。

一层溶洞:标高 330～350m。如苇泽差绵河西岸铁路陡坎下的 O_1 白云岩洞,距河水面 2m,洞身沿 NE30°方向的裂隙发育,洞口高 4m,宽 7.8m,长 25m。附近沿岸蜂窝状溶洞发育,与Ⅰ级阶地相对应,属全新世岩溶的产物。

二层溶洞:标高 360～470m,相对高度 30～40m。与Ⅱ级阶地相对应,属上更新统岩溶的产物。如程家仙翁洞,标高 430m,高于桃河 30m,发育在 O_2x^3 灰岩中,沿 NE60°裂隙延伸。洞身长 26.8m,呈暗河管道状。洞底有泥砂沉积,又如苇泽关东南方向的羊洞,标高 440m,高出绵河 89m,发育在 O_2x^2 灰岩层下部,洞底为相对隔水的 O_2x^1 泥质白云岩。洞内沉积了厚 7m 左右的橘黄色粉细砂和砾石层,层理微细、清晰,钙质半胶结。

三层溶洞:标高 610～700m。如西盘石西仙神窑溶洞,发育在 O_2s^3 花斑状灰岩中,洞口标高 630m,高出桃河 160m,洞长 52m,沿 NE45°裂隙延伸,洞高 0.3～3m,宽 1.5m 左右。为一暗河管道状溶洞。洞壁灰华、钟乳石、云盘发育,在斜上方有一支沟。

四层溶洞:标高 750～840m。如发育在 O_2s^3 灰岩中的娘子关拖水窑沟谷坡上的张阁老洞(图 3-1),洞口标高 750m,洞口高出娘子关绵河河床 350m,洞口高 1m,向东北方向延伸,长约 164m,洞室最大直径 35m,高 26m,洞底平坦,有大量塌落岩块。

图 3-1 娘子关泉域溶洞照片

(6)岩溶泉:岩溶泉是该区最重要的岩溶现象,娘子关至石桥从 O_1 白云岩及 O_2x 灰岩中共出露泉群 11 个。

(7)泉钙华:娘子关、河北村一带堆积有厚 20～30m 的泉华,现组成Ⅱ级阶地。

(8)地下岩溶形态:据钻孔、斜井及泉口开挖资料,地下岩溶形态以溶孔、溶蚀裂隙式溶洞为主。

3.1.2 岩溶发育规律

该区岩溶发育规律除受岩石成分、结构、岩层组合控制外,明显地受构造条件、地貌条件及水动力条件所控制。现将不同时代、不同层位岩溶发育特点分述如下。

3.1.2.1 O_2x 灰岩岩溶发育特点

本统灰岩质纯,厚度大,岩体破坏严重,岩溶发育。特别是 O_2x 灰岩与底部泥灰岩和膏溶角砾岩接触部位溶洞成层发育。这主要是下部泥灰岩相对隔水和石膏大量溶解,岩层体积缩小,顶板岩层发育沉陷产生塌陷和断裂,从而促使顶板灰岩岩溶发育。如程家车站一带 O_2x 灰岩与 O_1x^1 泥灰岩接触部位,溶洞呈串珠状沿层发育。

背斜轴部纵张裂隙发育,有利岩溶发育。如下董寨钻孔位于近南北向的背斜轴部,岩溶裂隙发育,富水性好。

石桥以上温河沿岸,地貌条件、水动力条件好,O_2x 灰岩溶孔、溶洞发育。

3.1.2.2 O_1 白云岩岩溶发育特点

O_1 白云岩和白云质灰岩,多呈薄层,并含燧石条带,溶蚀较差,岩溶不发育,一般地区发育少数溶孔和晶洞及少量溶蚀裂隙。

该区 O_1 白云岩岩溶发育规律,明显受构造条件、水动力条件和岩性所控制。

(1)岩溶发育情况不论在水平方向上还是垂直深度上发育极不均一。

研究区 O_1 地层主要岩性为薄层状细粒—中粒白云岩和白云质灰岩,并含燧石条带,溶蚀较差,岩溶不发育,一般地区仅发育小溶孔、晶洞及溶蚀裂隙,大溶洞只发育在水动力条件好的泉口和断裂裂隙密集带。如位于五龙口的 B1 探孔,在深 3.54~14.66m 处发现一个深约 11m 的葫芦状大溶洞,而在 B1 孔西北方向 6.5m 的 B2 孔和东北方向 23.1m 的 B3 孔在相同深度内均未发现溶洞。在 B1 孔西北方向约 500m 的 K12 勘探孔在相同深度内也未发现溶洞,说明水平方向上岩溶发育极不均一。据五龙泉附近水文地质剖面,在垂直深度上,仅在 3.56~14.66m 和 17.5~36.89m 深度上见有溶洞,但在 17.66~27.5m 和 37.54~80.15m 深度上均未发现溶洞,该区大的溶洞仅发育在 0~40m 深度内,40m 以下基本无溶洞发育,仅有小溶孔和晶孔,说明垂直深度上岩溶发育也极不均一。

(2)岩溶发育情况明显受小构造和水动力条件所控制。

研究区较大的溶洞均发育在水动力条件好的泉口下部和小断裂裂隙密集带。例如水帘洞泉走向 NE20°,断距数米、破碎带宽 5m 的断裂带中涌出。经物探证实,城西泉存在近南北向的断裂裂隙密集带 3 条,城西泉从最东边的一条裂隙溶蚀带中涌出。

1977 年 11 月 12 日开挖五龙泉时,先挖出填土和第四纪卵石层(埋深 3.54m,标高 366.14m),挖至 O_1 白云质灰岩顶面时,在泉区出现葫芦状溶洞,最大直径 5.5m,长轴方向有 8.5m,向 NE20°方向延伸,有一条溶蚀裂隙与石板磨泉沟通,据洞内 B1 号探孔资料,该溶洞纵深达 14.66m(标高 355.22m),距 B1 孔西北方向 6.5m(洞外的 B2 孔和东北方向 23.1m 的 B3 孔在相同深度上均未发现大溶洞。五龙泉口葫芦状大溶洞内充填有卵石,分选性和磨圆度较好,说明洞内岩溶水流速较大,有较强的冲刷能力,该洞是在溶蚀和侵蚀共同作用下形成的,说明水动力条件好，岩溶也发育。另外该洞是沿 NE20°方向裂隙溶蚀侵蚀扩大而成，说明构造条件对溶洞的发育和分布也有控制作用。

据已有勘探资料，厚层白云质灰岩或白云岩夹石灰岩岩溶较发育。往往有较大的溶洞发育，而薄层白云岩和泥灰岩层岩溶发育微弱，很少有大溶洞发育，说明 O_1 白云岩发育规律也受岩石成分、结构和岩层组合所控制。

该区岩溶发育深度相对较浅，较大溶洞仅发育在地表以下 40m 以内，40m 以下只发育小溶孔和晶洞，一般 80m 以下岩溶发育微弱和基本不发育。

3.2 岩溶水系统圈定

岩溶含水系统边界的圈定是岩溶水系统划分的依据。地下水自然系统往往以地质、水文或水文地质的界线为其边界（陈爱光 & 徐恒力，1987）。在可能出现边界的地段，结合区域隔水底板等高线图和水位资料，通过绘制水文地质剖面图及等水位线图可以确定边界性质（图 3-2）。

在岩溶水文地质研究中，确定断层的导水性对解决供水、矿坑排水及水库渗漏等均有重要意义（张人权等，2005）。当断层为边界时，断层两壁投影图是分析断层导水性的有效工具，可依据断层断距、倾角，以及两盘地层产状、岩性、厚度来编制。首先将断层两壁岩层分为含水层、弱含水层及隔水层；然后据断层两盘地层的空间分布特征绘制一系列垂直于断层走向的水文地质剖面，将其投影到断层面上；当断层一盘或两盘为隔水层时，断层隔水；两盘弱含水层相接或一盘弱含水层与另一盘含水层相接，断层弱透水；两盘含水层相接时，断层导水。

研究区岩溶水系统边界按性质可分为地表分水岭边界、隔水边界、地下分水岭边界及潜流（输入/输出）边界等水文地质边界，其中地下分水岭边界在特定情况下为可变边界。

3.2.1 西北部边界

(1) 从牛驼西起至瓜地沟—海家寙，总体走向东西，为娘子关岩溶水系统与兰村枣沟岩溶水系统的地下分水岭边界，长 9 km。

(2) 从海家寙至牛头脑沟（标高 1681.3m）为东山背斜地表分水岭边界（图 3-3），总体走向北东，长 15km。

(3) 从牛头脑沟起至大威山—摩天垴（标高 1733.6m）—阳坪望—黑石窑，总体走向近北东。该段为娘子关岩溶水系统与兰村枣沟岩溶水系统的地表和地下分水岭边界，长 43km。

3.2.2 北部边界

(1) 董家沟—五里背—坪塔梁（海拔 1803.6m）段，长 20km。为古西烟盆地的北部边界，地表出露地层为 O_2 灰岩，深部为 O_1 及 $\in_3$、$\in_2$ 白云岩及鲕状灰岩，为娘子关岩溶水系统与滹沱河水资源系统边缘岩溶地下水的地下分水岭边界。

(2) 沿坪塔梁—神泉—蚍蜉垴（标高 1758.7m）一线延伸，长 30km。该段最低点在孤山，地面标高 921.99m，位于龙华河河道，根据钻孔资料，孤山岩溶水位标高为 862.99m，以南的苌池岩溶地下水位标高 835.72m，以北的兴道 YK_1 孔岩溶水位标高 852m，兴道泉标高

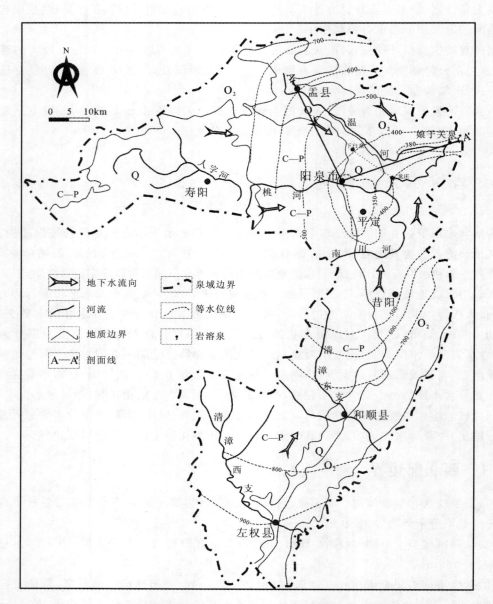

图 3-2　娘子关岩溶水系统岩溶水文地质略图(据阳泉市水资办,2004)

848.71m,证实该区确实存在地下分水岭。河谷松散层下为相对隔水的 O_1 白云岩,构成兴道岩溶水系统与娘子关岩溶水系统的地下水分水岭边界。

(3)蚍蜉垴—磁盒尖(标高 1635m)段,长 12km。受走向东西的逆冲断层影响,O_2 灰岩形成尖山顶,构成娘子关岩溶水系统与滹沱河水系的地表分水岭,其北侧为阻水的前寒武纪变质岩系,构成北部阻水岩层边界。

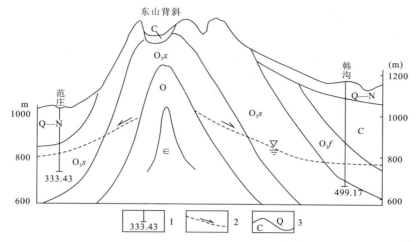

图 3-3　太原东山背斜水文地质剖面图（据阳泉市水利局，2014）
1.钻孔及孔深；2.岩溶地下水位及流向；3.地层界线

3.2.3　东北部边界

从绵羊掌开始，经庄只—岭底—灰梁—麦家岩—范家岩—黄统岭—黑掌（1192m）—神峪南（1088.7m）至顺桥东，为娘子关岩溶水系统与勿勿水泉及神水泉（均属威州岩溶水系统的子系统）的地表分水岭，总长52km。山顶多由O_2灰岩组成，其下为相对隔水的O_1白云岩。其中庄只一带地表出露长城纪石英砂岩和太古宙变质岩，形成隔水岩层及断层阻水边界，约2km。

3.2.4　东部边界

东部边界，全长224km，基本为隔水层边界，由O_1白云岩相对隔水层组成。该边界由岩溶水系统南端沿地层走向北北东方向延伸到平定柏井以南。该界线以东为寒武纪可溶岩组成的岩溶水系统，如威州岩溶水系统和东固壁岩溶水系统（图3-4）。

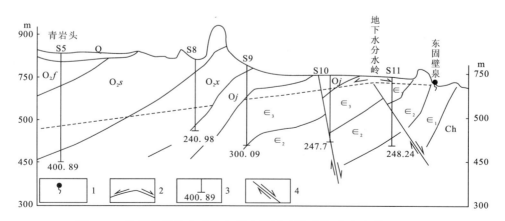

图 3-4　娘子关岩溶水系统东部边界剖面图（据阳泉市水利局，2004）
1.岩溶泉水；2.岩溶地下水位；3.钻孔及孔深；4.断层

3.2.4.1 泉口下游潜流型弱阻水边界

娘子关泉口下游,由O_1白云岩构成隔水边界,长9km,构成娘子关岩溶水系统与威州岩溶水系统之间的弱透水边界,东侧为威州岩溶水系统。勘探表明O_1岩层岩溶发育微弱,苇泽关以上岩溶水水力坡度为0.0065,苇泽关断层以下水力坡度为0.033,苇泽关以下水力坡度增大5倍。O_1地层阻隔地下水,使其溢流成泉。

3.2.4.2 地表、地下分水岭一致边界

从旧关开始至大桥梁(995.3m)—庙叶圪梁(1072m)—风台垴(1067m)—西回—明柱掌(1252m),为娘子关岩溶水系统与威州岩溶水系统的地表分水岭,长45km。据西回附近勘探孔资料分析,存在地下分水岭。如东回村水井水位标高636m,东部的马山水井水位标高625m,东回西部14km的石门口水井水位标高557.6m,说明西回附近存在地下分水岭。

柏木井向斜为低凹带,地表水流向威州岩溶水系统,北部伴生有北东向背斜,背斜轴部O_1相对隔水岩层抬高,起阻水作用,从而迫使柏木井褶皱东南部岩溶水向柏木井向斜轴部汇集,向北地下水流受阻,只有向右折向东北并流向威州岩溶水系统。该区O_2灰岩水位标高442.09m,西侧平定化肥厂K8孔O_2灰岩水位标高418.10m,东侧小梁江孔O_1白云岩水位标高160m(图3-5),从而构成了与地表分水岭相一致的地下分水岭边界。

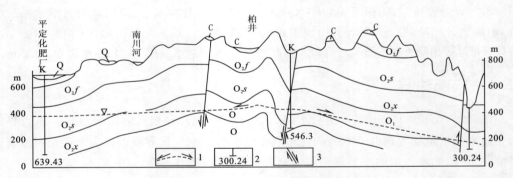

图3-5 娘子关岩溶水系统东部边界剖面图
1. 岩溶地下水位及流向;2. 钻孔及孔深;3. 断层

3.2.4.3 隔水岩层边界(长170km)

(1)从明柱掌开始至阳坡—黑山垴(标高1044m)—西固壁—瓦邱—闫庄段,长30km,为早奥陶世白云岩构成的隔水岩层边界。

据1976—1979年钻孔资料,西固壁附近为娘子关岩溶水系统与东固壁岩溶水系统的地下分水岭。东固壁泉出露标高700m,西固壁CK_5号孔水位标高715.08m,南界都CK_3号孔水位标高700.56m,北界都C_{10}号钻孔水位标高696.87m,里安阳沟观测孔水位标高651.27m,说明西固壁附近存在地下分水岭。

(2)从闫庄开始至碧霞观—寺铺—核桃树湾—大堡岩—王家店—北天池(2097.4m)—申家峧,长140km,为早寒武世紫色页岩构成的隔水边界。该段边界总体走向为NE30°左右,寒

武纪地层倾向北西,倾角5°~15°。早寒武世紫色页岩为区域稳定的隔水岩层。

3.2.5　南部边界

从申家峧开始至河神埕—大红垴—黑土埕(标高1559m),长24km,为娘子关岩溶水系统与辛安村岩溶水系统的地下分水岭(为推测边界)。申家峧至大红垴段为左权与武乡县的分界线;大红垴—黑土埕段为清漳西源与浊漳河支流洪水河的地表分水岭。

3.2.6　西部边界

3.2.6.1　岩溶水系统西部地表分水岭边界

以碎屑岩组成的地表分水岭为岩溶水系统边界(包括清漳河与浊漳河、松溪河、南川河与潇河分水岭)。现有勘探资料表明,当非可溶岩覆盖层厚度大于1000m时,深部岩溶发育微弱,构成岩溶地下水滞流型隔水边界。如沁源县仁里村沁2号孔,井深1778m,非可溶岩覆盖层厚1414m,中奥陶世灰岩岩芯完整,所含石膏脉溶蚀微弱;在吕梁山区的柳林岩溶水系统西部碳酸盐岩含水层埋藏深度1000m以上地区共布置岩溶地下水勘探孔2眼,结果表明深埋区岩溶发育微弱,单井出水量小于50t/d,地下水矿化度大于10 000mg/L。岩溶水系统西部地表分水岭地带非可溶岩平均厚度达1200m,下伏可溶岩不具备岩溶发育条件,构成了岩溶地下水滞流型隔水边界。

3.2.6.2　地下水滞流型隔水边界

从五台垴起至张韩河—段庄—上湖—王村—罗家庄—北胡—鸣谦—北砖井,总体走向近东西,长60km。岩溶含水层深埋在三叠纪地层1000m以下,岩溶水处于相对滞流状态,看作滞流型阻水边界。

3.2.6.3　西部断层形成的弱透水边界

从北砖井起至马庄—伞儿树—牛驼西,长20km,总体走向北西,主要由马庄断层和东山弧形断裂所组成,构成西部断层弱透水边界。其理由是基于下列水文地质条件的分析。

(1)该段主要由马庄断层和东山弧形断裂所组成,区域隔水底板翘起的太原东山背斜在这一地带已不复存在。由于上部有石炭纪、二叠纪岩溶地下水隔水层分布,中奥陶世裂隙岩溶含水层岩溶地下水具有承压性,形成地下潜流的过水断面。

(2)根据边界附近4个岩溶地下水钻孔(分别是伞儿树井、马庄井、南坪头井和北砖井井)资料,奥陶纪含水岩层埋深650~900m,钻孔的单位涌水量为27.3~124.7m³/m·d,平均为72m³/m·d,碳酸盐岩地层具有一定的导水性能。

(3)位于边界西侧的太原东山枣沟水源地,在1985年勘探时的岩溶地下水位为814.13m,当时均高出太原兰村水源地(810.06m)和边界东侧寿阳平头的岩溶地下水位(787.67m),具有形成地下水潜流的水动力条件。

(4)边界北西侧太原东山地区(包括盂县的西烟盆地),分布有近700km²的奥陶纪碳酸盐岩裸露或覆盖区,岩溶地下水具有比较稳定的补给来源。这些水在北部地区受到东侧太原东山背斜和西侧太原盆地松散层的隔水限制,向南西径流进入太原枣沟一带,后通过三给地垒及上述弱透水边界向东西两侧分流。

3.2.7 底部平面边界

垂向上,早奥陶世(O_1)白云岩厚 150m 左右,为燧石条带或团块状白云岩,根据太行山区岩溶发育特征,判定其构成本区中奥陶世岩溶地下水的相对隔水岩层。从 O_1 顶板等高线图可知,东西向 O_1 顶面总体具有北东翘起向西南倾伏的簸箕状形态特征,微形态又起伏不平。南北向剖面看为一向斜构造,最低点位于阳泉河下至河坡电厂附近,标高接近于零米。北部盂县温池附近 O_1 顶板标高约 850m,南部和顺泊里附近 O_1 顶板标高为 650m 左右(附图1、附图2)。

寒武纪碳酸盐岩含水层深埋于 O_2 以下数百米,含水甚微,对 O_2 含水层基本无补给(娘子关泉口排泄区 ϵ_3 及 ϵ_2 含水层岩溶水可通过断裂构造顶托补给 O_2x 及 O_1 含水层,但据磨河滩 K_2 孔资料,一般为高压低流特点,对 O_1 含水层补给甚微,可忽略不计)。因此 O_2x 及 O_1 交界面可视为 O_2 含水岩组的隔水底板。泉口附近,据勘探资料 O_1 白云岩 100m 以下岩溶发育微弱,可视为隔水底板。

按上述边界圈定的岩溶水系统范围包括阳泉、平定、盂县、和顺、左权、昔阳、寿阳、榆次、太原等县市,面积为 7435.82km^2,其中寒武世、奥陶纪碳酸盐岩岩溶裸露区面积为 1976.66km^2,岩溶覆盖区面积为 721.37km^2,石炭纪地层出露面积为 332.98km^2,二叠纪、三叠纪碎屑岩出露面积为 2561.72km^2,全区第四纪松散层分布面积为 2554.78km^2,火成岩及变质岩出露面积为 9.68km^2。

3.3 岩溶地下水系统组成

通常来说,岩溶是指由碳酸盐岩构成的主要岩溶含水层和隔水层。但从广义的系统学的角度来讲,娘子关岩溶地下水系统应该也包括与岩溶发育和岩溶地下水演化密切相关的松散岩类孔隙水及碎屑岩裂隙地下水。根据时代、岩性、岩溶发育情况、含水、隔水及透水能力与水力特征可划分为如下几个含水岩组和隔水岩组。

3.3.1 松散岩类孔隙水

松散岩类孔隙水主要分布于桃河、温河、南川河、松溪河、浊漳河、清漳河等处的河谷地带、山间盆地(西烟盆地)及黄土丘陵区,厚度介于 10~70m,含水层厚度一般为 5~10m,岩性多为粉质土、黏土、砂砾石和含砂砾石,垂直裂隙较发育,当能够接受地表水补给,并且下伏地层为隔水的碎屑岩或变质岩时,可形成一定量的地下水供给。但分布于灰岩区的河谷冲洪积层或黄土层因底板渗漏能力较强,而富水性较差或基本不含水。地下水含水层类型主要为潜水含水层,基本不存在承压含水层。其中主要山间河谷区孔隙地下水如下。

3.3.1.1 桃河河床冲洪积层孔隙地下水

该类地下水分布于阳泉市以上 12km 范围内,含水层厚度 16~30m,中下部为一层较连续的亚砂土,厚 2~10m。含水层以漂石、卵石和砂砾石为主,平均厚度 12m,孔隙度 30% 左右。

由于河床底部与两侧均为弱透水的砂页岩地层,故蓄水性较强,其补给来源主要为地表水的入渗补给,其次为河床两侧少量的裂隙水补给。其中,地表水渗漏过程分为自由渗漏与顶托渗漏两个阶段。在无开采的天然条件下,由于地下水含水层分布面积小,地下水位埋藏浅,故地表水的自由渗漏阶段较为短促,水位急速上升,而使地表水的渗漏很快进入顶托渗漏阶段;在地下水强烈开采条件下,地表水渗漏呈现恒定的自由渗漏状态。目前分布于桃河河谷内的孔隙地下水开采井主要集中在赛鱼至桑掌河段内,其余地段开采井较少。

3.3.1.2 温河河谷松散岩类孔隙地下水

该类地下水分布于温河上游的秀水河河谷内。地下水主要补给来源为雨季地表水下渗补给。秀水河孔隙地下水水源地控制上游汇水面积 170km², 地下水可开采资源量约为 $0.021×10^8 m^3/a$。

3.3.1.3 龙华河河谷松散层孔隙地下水

该类地下水主要分布于盂县兴道到樊家汇的龙华河河谷内,总面积 46.6km²。其中以兴道到黄沙口段地下水储量最丰富。河谷平均宽 600m,第四纪堆积物厚度在兴道北为 18~110m。含水层主要为粗砂及砂砾石,厚 8~30m,水位埋深 5~25m,富水性中等。天然条件下,地下水主要补给来源包括降雨入渗补给、兴道泉泉水经地表渗漏补给和河谷两侧变质岩裂隙地下水的越流补给。

3.3.2 碎屑岩裂隙地下水

碎屑岩裂隙地下水主要包括二叠纪、三叠纪一套陆相和过渡相碎屑岩,由砂岩、粉砂岩、砂质泥岩夹煤层等组成。

3.3.2.1 下二叠统山西组

本组主要含水层有 K7 砂岩和 6# 煤老顶砂岩,共计3层。但此3层砂岩裂隙均不发育,含水性较差。单位涌水量 0.0002~0.0027L/s·m,渗透系数 0.0064~0.011m/d。属弱裂隙含水层。

3.3.2.2 上二叠统石盒子组

本组地层在区内西部广泛出露,主要含水层为 K8、K9、K11、K12 砂岩。其中 K8、K9 为中粗粒砂岩,裂隙发育不均一,含水性差异较大。K11 和 K12 砂岩是上石盒子组出露的主要地层,厚度可达 40~50m。该地层一般出露较高,地表裂隙发育,透水性较好,雨季常沿裂隙泄出形成下降泉。单位涌水量不大,一般为 0.000 18~0.024L/s·m,渗透系数为 0.0011~0.146m/d;水质类型属 $HCO_3 - K·Na$ 及 $HCO_3·SO_4 - K·Na$ 型。

碎屑岩裂隙含水层组含水空间以风化裂隙和构造裂隙为主,裂隙水除少部分可能沿破碎带向深部运动外,以水平(沿走向)运动为主。由于各含水层间间隔数层主要由泥岩等塑性岩石组成的隔水层,使各含水层相对呈层状,形成平行复合结构,纵向水力联系较弱。此外,中晚石炭世泥岩等也是碎屑岩裂隙含水层组的主要隔水层,其厚度为 5~44m。透水性能差,位于上石炭统太原组下部至奥陶系顶部之间。

3.3.3 碳酸盐岩岩溶裂隙水

根据时代、岩性、岩溶发育情况、含水、隔水及透水能力及水力特征,娘子关泉域内岩溶裂隙水,可划分为如下几个含水岩组和隔水岩组。

岩溶水系统内中奥陶世灰岩为主要含水岩组,下奥陶统除在排泄区和部分补给区也可构成含水层外,在大部分地区构成了含水系统隔水底板,寒武纪白云岩及鲕状灰岩主要出露于系统东部外围和边缘。

3.3.3.1 寒武系下部隔水岩层

寒武系下部的紫红色页岩、泥岩夹白云岩为区域内稳定的隔水岩层,厚约120m。中上部是厚层鲕状灰岩、白云质灰岩、粗晶白云岩及竹叶状灰岩,岩溶裂隙发育,为含水层。主要出露于岩溶水系统外围东部及北东部边缘,构造控水明显。有时形成相对独立的小岩溶水系统,如兴道岩溶水系统(ϵ_2)、凉沟桥岩溶水系统(ϵ_3)。该层深埋于奥陶系之下,大部分地区因补给条件差,地下水处于区域性缓慢循环状态,钻孔揭露地下水具有高压低流特征。

3.3.3.2 早奥陶世白云岩裂隙岩溶水含水岩组

该含水岩组下奥陶统为含燧石结核的白云岩及泥质白云岩,除排泄区和构造断裂破碎带岩溶较发育外,大部分深埋于O_2x之下,岩溶裂隙不发育,径流缓慢,含水微弱,多构成系统内相对隔水底板。

系统排泄区早奥陶世白云岩出露地表,由于处于构造复合地带,节理裂隙发育,地下水径流条件好,经侵蚀溶蚀作用,发育成极不均一的含管道流的岩溶含水层。系统内11个泉组就有9个泉组出露于早奥陶世白云岩中。

3.3.3.3 中奥陶世灰岩岩溶裂隙水含水岩组

该含水岩组为娘子关泉岩溶水系统的主要岩溶含水层。中奥陶世碳酸盐岩,以质纯灰岩、斑状白云质灰岩为主夹三层膏溶角砾岩。根据沉积旋回,从水文地质角度可划分为三组六段(表3-1)。

中奥陶世灰岩广泛出露于东部、北部及东北部广大地区,分布于整个岩溶水系统内。地表节理裂隙发育,据统计,裂隙率可达1.5%~3.8%,为降水入渗和河水入渗提供了良好的通道。地下深处岩溶发育以溶蚀裂隙、蜂窝状溶孔为主,含有少量溶洞的储水空间,构成岩溶水系统内岩溶水的巨大储水空间。

根据岩溶水系统内大量生产井、勘探孔资料,该中奥陶统含水岩组有以下特征。

(1)中奥陶世灰岩沉积以后,在长达一亿多年的加里东古岩溶期,碳酸盐岩受风化溶蚀作用形成凸凹不平的古剥蚀面,之上堆积了铝土页岩和山西式铁矿,古溶蚀面裂隙发育,形成强岩溶发育带。岩溶水系统西部盖层之下还保留古剥蚀面的痕迹。从中奥陶统顶板高程可知,榆次、寿阳县北部及盂县北部中奥陶世及石炭二叠纪地层向南倾斜;阳泉、平定、昔阳、和顺和左权中奥陶世及石炭二叠纪地层向西倾斜(或向西北),总体表现为以阳泉三矿—下白泉一线为轴线的宽缓向斜,向西南方向撒开,呈簸箕状。

表 3-1 奥陶系含水岩组特征一览表

统	组	段	代号	层厚(m)	主要岩性	含膏层	岩溶发育特征	备注
中奥陶统	峰峰组	二段	O_2f^2	43.9～94.3	中厚层生物碎屑灰岩及斑状白云质灰岩	无	强岩溶化、溶蚀裂隙、蜂窝状溶洞发育	透水层
中奥陶统	峰峰组	一段	O_2f^1	35.8～120.2	泥晶白云岩夹石膏地表多膏溶角砾岩	有	弱岩溶化、溶孔为主	弱透水层
中奥陶统	上马家沟组	二段	O_2s^2	159.2～218	中层泥晶灰岩及斑状白云质灰岩,上部夹6m石膏层	无	强岩溶化溶蚀裂隙,蜂窝状溶孔发育	含水层
中奥陶统	上马家沟组	一段	O_2s^1	33.5～80.7	薄层泥晶白云岩夹石膏,地表多膏溶角砾岩	有	弱岩溶化溶孔为主	弱透水层
中奥陶统	下马家沟组	二段	O_2x^2	98～126.9	中厚层泥晶灰岩,斑状白云质灰岩	无	强岩溶化溶蚀裂隙、蜂窝状溶孔发育	含水层
中奥陶统	下马家沟组	一段	O_2x^1	12.4～56.7	薄层泥灰质泥晶白云岩夹石膏,地表多膏溶角砾岩	有	弱岩溶化、溶孔为主	弱透水层
下奥陶统	亮甲山组		O_1l	0～11.2	薄中层微晶白云岩含燧石团块	无	弱岩溶化、溶孔为主	含水层、弱透水层
下奥陶统	亮甲山组		O_1l	45.7～83.9	薄中层灰岩与白云岩互层含燧石	无	弱岩溶化、溶孔为主	含水层
下奥陶统	亮甲山组		O_1l	51.1～56.9	中厚层状微细晶岩,含燧石	无	岩溶不发育	隔水层
下奥陶统	冶里组		O_1y	30.1～51.4	中层状细晶含泥质白云岩	无	弱岩溶化、溶孔为主	弱透水层

(2)中奥陶世地层为典型的硫酸盐岩-碳酸盐岩混合建造,岩溶作用具有分层性。峰峰组、上-下马家沟组从上而下,岩性特征为石灰岩-角砾状石灰岩-角砾状泥灰岩或泥灰岩。每组下段含石膏泥灰岩或角砾状泥灰岩,岩石软塑,发育蜂窝状溶孔但不连通,形成相对弱透水层。上覆灰岩由于石膏溶解时的膨胀挤压,岩石破碎,形成角砾状石灰岩,岩溶发育(多有小溶孔),为主要含水层位。由于泥质的隔水作用,使岩溶水具有分层性及承压性。一般补给径流区随钻进深度增加水位逐渐降低,排泄区随钻进深度增加水位逐渐升高。由于构造裂隙发育的连通作用和断裂破碎带的导水作用,整个含水岩组在整体上又具有统一的地下水位。

(3)桃河沿岸地层向西倾斜,河流及岩溶水切层东流;平定阳胜河东部,昔阳、和顺及左权县城以东地层西倾,岩溶水顺倾向向西流动,松溪河南干支流及附近岩溶水受南北向水力槽凹影响,岩溶水顺层由南向北流动;北部及东部中奥陶世和石炭纪、二叠纪地层向南或南东倾斜,岩溶水顺倾向向南或南东流动;榆次、寿阳一带岩溶水通过寿阳盆地深部由西向东流动。由于岩溶水位标高由西向东,由 800m 左右,渐变为泉口附近的 360m 左右,岩溶水系统南、北部边缘岩溶水位标高 800～850m,向阳泉、平定一带渐变为 400m 左右,相应的含水层位也发生了变化。岩溶水系统排泄区因 O_1 地层挠起,露出地表,岩溶发育形成含水层。岩溶水系统东北部和东南部含水层为 ϵ_3 及 ϵ_2 白云岩或鲕状灰岩,岩溶水系统中部含水层为 O_2f 及 O_2s,以上地区岩溶水多属潜水性质;榆次、寿阳南部及阳泉、平定、昔阳、和顺、左权西部含水层为 O_2f 及 O_2s,岩溶水多属承压水性质。

(4)根据含水层组分布特征及水循环条件,剖面上可划分为三个水文地质带:垂直入渗带、水平径流带和深部循环带。不同地区各带厚度及标高不尽相同。排泄区和埋藏区无垂直入渗带,裸露区垂直入渗带厚度一般为 50～300m,个别地区可达 500m 左右,水平径流带为补给泉水的主要含水层与径流带,厚度一般可达 100～250m,大者可达 300～500m;深部循环带位于 O_1 顶板之下,因 O_1 及 ϵ_3 埋藏较深,岩溶发育微弱,岩溶水处于缓慢深循环状态。泉口排泄区深部 ϵ_3 及 ϵ_2 岩溶水垂直向上运动,顶托补给上部 O_1 含水层。

3.4 岩溶地下水系统补给——径流与排泄

3.4.1 岩溶水补给来源

研究区岩溶水的补给来源主要有降雨入渗补给、地表水渗漏补给、孔隙水越流补给、基岩裂隙水侧向补给等。在研究区西部,大面积地分布着二叠纪及三叠纪碎屑岩,基岩裂隙水数量巨大,除一部分以泉水形式转化为地表水排泄进入河流外,其余大部分均以侧向补给或越流补给的形式进入下伏岩溶含水层中;小部分越流补给进入松散岩类孔隙水。泉域中西部地表水系发达,河谷发育,广泛分布有河床孔隙水含水层,这些孔隙地下水因下伏含水层渗透性良好,极易下渗补给岩溶水系统。在娘子关泉域东部,阳盂、阳左公路以东,为大面积的奥陶系可溶岩,渗透性良好,除蒸发和形成少量地表径流外,降雨大部分都渗入地下转化成深层岩溶水,是区域岩溶地下水最重要的补给来源。

地表水与各种类型地下水之间,存在着不同形式的水量转换,对区域岩溶地下水具有重要的补给作用。以桃河为例,该处地表河水在泉域西部接受大气降水和裂隙地下水出露补给,然后向东径流,沿途分别穿过河谷松散层孔隙含水层分布区和碳酸盐岩分布区,并在这一过程中持续渗漏补给孔隙水(部分孔隙水可透过下伏岩层进入岩溶含水层)和岩溶水,从而在一定程度上丰富了区域岩溶地下水的补给来源。桃河、温河、漳河、绵河等河流在岩溶水系统内的径流过程中分别同雨水、碎屑岩裂隙地下水、层间岩溶裂隙地下水、河谷松散层孔隙地下水、深层岩溶地下水发生水量转化。各补给源对娘子关岩溶地下水的贡献值如下。

3.4.1.1 大气降水入渗补给量

在碳酸盐岩裸露区(含一部分覆盖区面积)接收大气降水直接补给,据不同岩溶发育区的降水入渗系数和分布面积,根据阳泉市二次水资源评价结果,多年平均降水补给量约为 $2.818 \times 10^8 m^3/a(8.94m^3/s)$。

3.4.1.2 河流渗漏补给量

系统内各河流在西部碎屑岩区产流量进入东部碳酸盐岩裸露区后将形成渗漏,补给岩溶地下水。其中桃河渗漏段长度 39km;温河渗漏段长度 43km;南川河于乱流村汇入桃河主干流,其上游分岔成尚怡河(南川河)及阳胜河,尚怡河支流出碎屑岩区后流 5km 汇入南川河,再流 11km 进入桃河主干道;阳胜河出碎屑岩区后约 6km 进入大石门水库(有部分渗漏量),再经 17km 汇入桃河;松溪河渗漏段长度 15km;清漳河东源支和西源支渗漏段长度分别为 15km 和 10km。河流多年平均渗漏量为 $0.684×10^8 m^3/a(2.169m^3/s)$。

3.4.1.3 水库渗漏补给

泉域内位于碳酸盐岩区的水库有两座,分别是南川河的大石门水库和温河的油瓮水库。年渗漏量约为 $410×10^4 m^3$。

3.4.1.4 松散孔隙水补给

20 世纪 80 年代前,娘子关泉域岩溶地下水接受河谷松散层孔隙地下水的多年平均补给量为 $0.067m^3/s$,合计年补给量为 $210×10^4 m^3$。在此之后,由于松散层地下水的超负荷开采,其对岩溶地下水的潜流补给量大幅削减,影响微弱。

3.4.1.5 东山岩溶水补给

泉域西部太原东山从北砖井起至马庄—伞儿树—牛驼西长 20km 的地段为弱透水边界,具有形成潜流的条件。牛宝茹(1998)采用水均衡法计算得到东山岩溶水系统对娘子关泉的补给量为 $1.282m^3/s$。但近年来,受太原、榆次两地岩溶水开采量加大,水资源量下降的影响,东山岩溶地下水水位已呈显著下降趋势,地下水天然循环条件已完全发生了改变,太原东山岩溶地下水对娘子关泉域岩溶地下水的潜流补给量也大幅减少甚至停止。

3.4.1.6 煤系地层补给

煤系含水层在天然条件下有部分水量通过各种途径越流补给岩溶地下水,但该区煤系地层(石炭系—二叠系)出露地表,接受地表水和大气降水,在地层下倾方向形成局部承压水区。但由于石炭二叠纪含水层大部分为致密砂岩和煤层,渗透性较低,含水性和水的可流动性弱。15 号煤层及其上、下层段含水性尽管较强,但由于受分布空间限制和上部泥岩夹致密砂岩隔水作用,其水量并不特别显著。特别是近几十年来,采煤对含水层结构的破坏以及矿坑排水也使这部分水量大为减少。15 号煤层下部至本溪组底部的泥岩、铝质泥岩为良好的隔水层,较好地阻隔了奥陶纪岩溶裂隙水与煤系底层之间的水力联系。煤系地层对岩溶水的补给和岩溶水对煤系地层的顶托补给严重受限,水力联系微弱。来自煤系地层的补给量对岩溶水水资源总量影响不大。

依上述源项计,娘子泉域岩溶水系统总补给量约为 $3.544×10^8 m^3/a(11.24m^3/s)$。

3.4.2 岩溶水径流条件

娘子关泉群岩溶水系统的径流条件严格受构造及泉群出露位置控制。娘子关泉域岩溶水系统流场总形态以娘子关泉群为排泄点,呈半汇聚状水动力网。该系统岩溶水具有统一流场和水位,以娘子关泉为排泄基准,可汇集整个岩溶水系统地下径流。总体上来看,区域大型构造沁水拗陷向斜构造决定了地下水流场的分布范围,地下水天然流场反映出地下水成扇形由西、北、南向泉群汇集的总趋势。次级构造对岩溶地下水径流方向和主径流带的展布具有重要的影响作用。

(1)泉域中南部主要包括一系列走向 NE15°～25°,呈雁行状斜列,断距不大,延伸不远的压扭性断裂、褶皱及断层。其中张庄-大寨-和顺断裂带,节理裂隙发育,是形成岩溶地下水由南而北向桃河汇流的径流带基础。该径流带在南侧继续从昔阳东—平定贵石沟—阳泉市区并沿温河—娘子关成为南部岩溶水主径流带。

(2)泉域北侧从盂县温池—下荫营再沿温河—娘子关,形成北部岩溶地下水强径流带。其主要受泉域北部东西向构造带和娘子关寻状构造控制。径流带内岩溶地下水位呈凹槽状,水位平缓,水力坡度一般小于 0.5‰,单井涌水量在 1500m^3/d 以上,碳酸盐岩埋藏区的岩溶含水层顶板埋藏深度在 200m 以下。

(3)系统中部汇流区为南北向的构造,北东向构造及新华夏系构造复合交汇地区,不同时期、不同方向构造复合交汇,广泛发育北西、北北东及北东三组节理裂隙,经岩溶水溶蚀加宽,成为岩溶水主要赋存的空间和径流的通道。巨城-移穰褶断带形成负地形,下部中奥陶世灰岩连续接触,沟通南北径流带汇集,并进而形成泉域东部岩溶水主汇集-径流带。

3.4.3 岩溶水系统排泄条件

目前泉域内岩溶水排泄方式主要为娘子关泉群排泄及人工开采。

3.4.3.1 娘子关泉群排泄

在天然状态下,系统中岩溶水主要沿着左权—平定—娘子关由南至北东,和盂县—阳泉—娘子关由北至东,两条主径流带在移穰一带汇流,最后在娘子关镇程家到苇泽关约 7km 长的河漫滩及阶地上以散泉点排泄系统。泉群由坡底泉、程家泉、城西泉、五龙泉、石板磨泉、滚泉、河北村泉、桥墩泉、禁区泉、水帘洞泉、苇泽关泉等组成(表 3-2)。

3.4.3.2 人工开采

娘子关泉岩溶水开发利用已有悠久的历史,新中国成立之前,当地群众就已引用泉水浇灌菜地和生活饮用。20 世纪 80 年代以来,随着钻井技术和深井潜水泵扬程的提高,泉水的开发利用已由过去的泉口引水、调水发展到利用深井取水,开采范围从排泄区发展到滞流区,开采深度也从开始的 300～400m 发展到 500～600m,迄今已有深井数百眼。娘子关泉域的开采量在 1998 年达 14 888.2×10^{4}m^3,其中泉口提引水量为 12 085.8×10^{4}m^3,占总取水量的 81.2%;泉域管井取水量为 2802.4×10^{4}m^3,占总取水量的 18.4%。随着泉域范围内主要城镇的进一步建设和城乡生活用水的增加及改善,岩溶地下水的开发利用将进一步加大,人工开采比重也将逐步扩大。

基于以上分析,将娘子关岩溶水系统概化为图 3-6。

表 3-2 娘子关泉群主要泉点统计表

泉点名称	泉口标高(m)	历史流量(m³/s)	出露特征	备注
程家泉	387.0	0.652	桃河河漫滩	水位下降致断流
城西泉	379.0	1.20	桃河河漫滩	
桥墩泉	362.5	0.113	绵河河漫滩	
禁区泉	360.1	0.303	绵河北岸河漫滩	
石桥泉	364.9	0.178	绵河河漫滩	
滚泉	367.3	0.290	绵河Ⅰ级阶地陡坎下	
坡底泉	376.0	0.69	温河Ⅰ级阶地陡坎下	
五龙泉	368.0	1.93	绵河Ⅰ级阶地	
水帘洞泉	387.7	2.40	绵河Ⅱ级阶地	完全断流
苇泽关泉（谷突泉）	373.3	0.958	绵河Ⅱ级阶地	
河坡泉	381.5	0.067	绵河Ⅱ级阶地	基本干涸

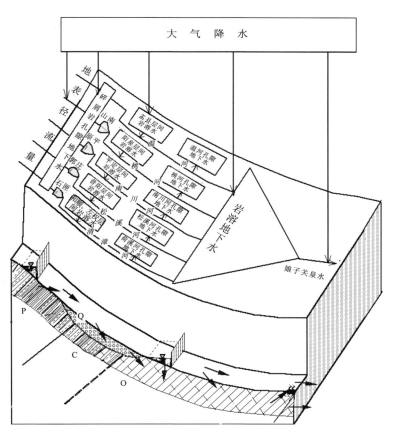

图 3-6 娘子关泉岩溶水系统概念模型图（据梁永平等，2004）

→.地下水流向；P.二叠系；C.石炭系；O.奥陶系；Q.第四系

§4 娘子关泉域岩溶演化史

4.1 地质构造演化史

娘子关泉域位于沁水块拗东北端和太行山隆起西侧,属今沁水盆地。在大地构造上位于华北地台山西台背斜沁水拗陷东北隅,沁水大向斜东翼,太行隆起带之西,五台地块(五台山降起)之南。娘子关泉域的地质演化属于沁水盆地演化的一部分,与华北其他地区基本相似。

中晚元古代,古沁水盆地南北两侧分别是古秦祁海和古兴蒙海。沁水盆地乃至整个华北地区的构造演化与两个洋壳对华北古陆的俯冲作用密切相关。由于它们向华北地台的不断俯冲,致使在晚元古代末期,沁水盆地抬升为陆,处于大陆剥蚀状态(图4-1)。

到古生代广泛海侵,本区沉积了前寒武系、寒武系。至晚古生代末期,沁水盆地的演化仍受控于整个华北地区的构造演化之下。古生代全球广泛发生的加里东运动使本区隆起,缺失上奥陶统、志留系、泥盆系、下石炭统地层。华夏系拗陷控制了中上石炭世的沉积,海陆交互相含煤岩系本溪组、太原组平行不整合于中奥陶统之上。晚古生代末(二叠纪),随着古蒙古洋的闭合,阴山构造带隆起,海水向南退出,华北板块内部转化成大型的内陆湖泊沉积环境,过渡相的山西组含煤沉积。煤系平均总厚200m。二叠系石盒子组、石千峰组为煤系主要盖层,厚500~1500m。

中生代开始,受太平洋板块俯冲及扬子板块剪刀式与华北板块碰撞的影响,华北板块开始产生差异分化。沁水盆地于三叠纪末期开始发育,燕山运动期间彻底与华北其他盆地分开而成为一个独立的构造盆地,沁水盆地开始了其独立的演化过程。三叠纪末期,沁水盆地处于构造稳定发展阶段,但构造活动较前期有所加强。扬子板块向北俯冲,与华北板块碰撞拼接在一起,同时太平洋板块以北北西向向欧亚板块俯冲,受其综合影响,沁水盆地抬升遭受剥蚀。

早中侏罗世,由于太平洋板块及印度板块向华北板块的俯冲,在区内产生北西—南东方向的挤压应力,形成了以北东、北北东向为主的构造;晚侏罗世,地壳进入强烈活动高潮期,形成了北东、北北东向的伸展拉张断裂,沁水盆地抬升遭受剥蚀,盆地两侧的吕梁山及太行山开始形成。

早白垩世继承了晚侏罗世的构造特征,沁水盆地进一步抬升遭受剥蚀,受太平洋板块及印度板块俯冲的影响,沁水盆地东侧形成北北东向的逆断层,由于该时期岩浆活动剧烈,在太行山东侧及沁水盆地的西侧处于强烈伸展作用之下,形成了沁水盆地西侧的晋中断陷及太行山东侧的断陷盆地,太行山、吕梁山最终形成;晚白垩世,该区的构造仍然主要受太平洋板块及印度板块俯冲的影响,沁水盆地仍以挤压抬升剥蚀为主,逐渐形成了现今复向斜构造的雏形。至此,经过燕山中期形成的太行山、太岳山经向构造体系,与南北端的降县-驾岭、阳曲-盂县纬向构造带联合控制,当今的沁水盆地正式成形。

古近纪沁水盆地仍以抬升剥蚀为主,没有接受古近纪沉积。

新近纪及第四纪,沁水盆地及周缘地区以抬升剥蚀为主,仅在山间断陷盆地接受了新近纪和第四纪沉积,并且由于喜马拉雅期多期次的挤压抬升,使先期形成的褶皱进一步被改造,逐渐形成现今的构造格局。喜马拉雅期上新世生成晋中、临汾盆地,第三系红土和第四系黄土角度不整合于晚古生代各地层之上,最厚可达4000m(图4-2)。

娘子关泉域的地质演化与沁水盆地基本一致,从中奥陶世之后受加里东运动的影响,地壳上升,长久剥蚀,因而缺失奥陶系上统、志留系、泥盆系及石炭系下统,直至中石炭世才有本溪组沉积。此后继续沉积有石炭系上统太原组、二叠系下统山西组、下石盒子组、上统上石盒子组和石千峰组。整个中生代为漫长的剥蚀期,第四系更新统开始在河流、沟溪中沉积有砂砾层和红色、黄色土等,在现代河沟中冲积层广泛分布。

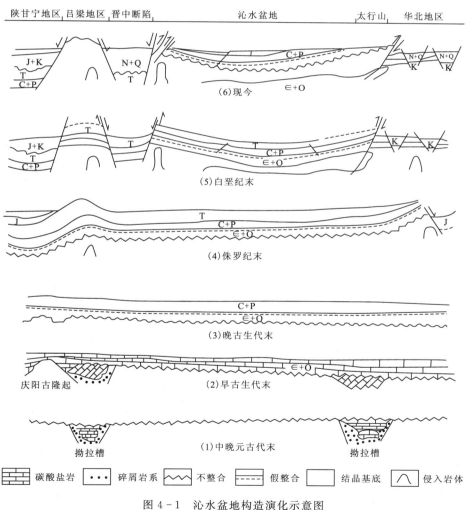

图4-1 沁水盆地构造演化示意图

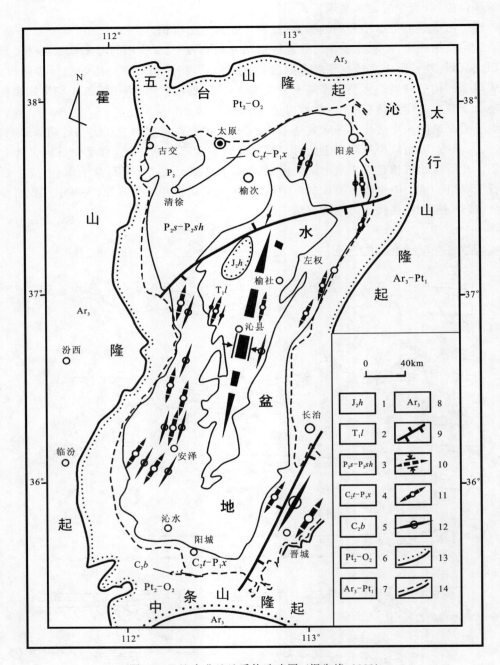

图 4-2 沁水盆地地质构造略图（据朱峰，1999）
1.黑河组；2.刘家沟组；3.上石盒子组—石子峰组；4.太原组—山西组—下石盒子组；5.本溪组；
6.中元古界—中奥陶统；7.上太古界—下元古界；8.上太古界；9.正断层；10.复式向斜轴；11.短轴
向斜；12.短轴背斜；13.角度不整合界线；14.平行不整合界线

4.2 岩溶演化史

4.2.1 元古代岩溶

娘子关泉域岩溶演化主要受中国华北大地构造演化和古地理环境的控制。目前为止，研究区已识别的最早岩溶时期为元古代。在中元古代中期滦县上升运动的作用下，太行山中段和北段上升为陆地，遭到普遍的岩溶化作用。长城系的高于庄组硅质白云岩和大洪峪组顶部的燧石条带泥质白云岩均遭溶蚀，形成起伏不平的古溶蚀面，并伴生有漏斗和溶隙(图4-3)。

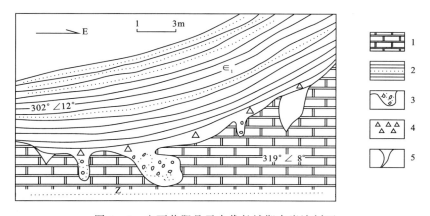

图 4-3 山西昔阳县元古代长城期古岩溶剖面
1.长城系顶部含燧石条带白云岩；2.下寒武统顶岩夹砂岩(ϵ_1)；3.古漏斗及充填的砾石；4.下寒武统底砾岩；5.古溶隙

4.2.2 古生代岩溶

古生代是本区的主要古岩溶发育时期。在寒武纪和早中奥陶世，本区沉积了巨厚的碳酸盐岩。在中奥陶纪末期，受加里东运动影响，整体抬升为陆地，开始了长达150Ma的剥蚀期。使中奥陶系可溶岩遭到长期溶蚀，形成古溶蚀面。这一阶段的岩溶发育行为可归纳为以下几个阶段。

4.2.2.1 同生期层间岩溶

同生期层间岩溶水的运动以渗滤扩散为主，在沉积层中形成了渗流、潜流和扩散流三个带，并形成层间岩溶的上、中、下三段式结构。其中上段属于大气淡水渗入淋滤带。由于石膏的溶解及上覆沉积物的重荷，使该段常形成压裂角砾岩。中段属大气淡水潜流带。由于石膏颗粒被选择性溶蚀后又被混合水云化产生的淡水白云石充填或半充填，使该段形成溶斑云岩。下段属于深部扩散带，由于岩溶水矿化度的升高而出现沉淀交代使该段形成次生灰岩。

4.2.2.2 裸露风化壳岩溶

裸露风化壳岩溶指因加里东运动碳酸盐岩裸露地表后，在风化壳形成过程中而产生的岩溶。裸露风化壳岩溶的形成和发育，跨越了加里东与海西早期的构造运动阶段。在裸露条件下，岩溶系统具有开放系统特征。在古岩溶风化壳普遍发育延伸较浅的溶沟或溶缝，局部有岩溶漏斗。岩溶孔缝充填物具有典型淡水岩溶作用的特征：如淡水白云石、方解石和高岭石等。该溶蚀面起伏很大，使 O_2f 地层厚度剧变，溶蚀带厚 30~50m。

4.2.2.3 埋藏期岩溶

奥陶系风化壳被上覆石炭系和二叠系沉积覆盖后，古岩溶环境由开放体系进入封闭体系。并在不断的埋藏和压实过程中，不仅有承压流体入侵而产生压释水岩溶。而且在深埋藏条件下，由于深部热流体的作用，发育了热水岩溶。压释水岩溶和热水岩溶的形成与长期发育对碳酸盐岩次生孔隙的形成及演化具有重要的建设作用，并且对区域油气资源的富集成藏具有重要的意义。对埋藏岩溶的全面认识和把握需要从微观尺度深入开展。

4.2.3 中生代岩溶

中生代研究区受印支运动和燕山运动的影响，已然上升为陆地。由于当时中国北方为潮湿的热带亚热带-温带气候，因此对岩溶发育非常有利。特别是白垩世晚期，强烈的褶皱和断裂作用，使研究区古生界碳酸盐岩隆起剥蚀裸露，形成大面积的裸露岩溶。区域岩溶发育形成溶蚀洼地、丘陵等岩溶地貌景观。

4.2.4 古近纪岩溶

古近纪始新世以后，是研究区重要的岩溶发育阶段。古近纪研究区仍以抬升剥蚀为主，特别是太行山区及山西高原的不断上升。如在太行山区可上升到 1450m 以上，相当于北台期夷平面。岩溶发育主要以溶隙、溶孔、洼地为主，如本区南部太行山区一级夷平面上的铺上大洼地。

4.2.5 新近纪及第四纪岩溶

新近纪中新世晚期至上新世早期，地壳构造运动属宁静期，地表以侵蚀、剥蚀为主。研究区局部低成低缓的丘陵、宽浅的河谷（图4-4）。娘子关岩溶区则是剥蚀面。上新世晚期至第四纪初期，喜马拉雅造山运动进入了第三幕，即新构造运动。研究区又一次抬升，丘陵、宽谷和山麓剥蚀面构成了低山、丘陵的顶部而形成山地宽谷面和高山麓面。此期岩溶形态保存相当普遍，属于唐县期（高程 800~1300m）。目前已知的唐县期夷平面有两个：①标高 1200~1350m，如典型溶蚀盆地西烟盆地；②标高 900~1100m，如盂县盆地、阎庄盆地等。代表湿热条件下高原面上的岩溶形态，如溶蚀洼地等（图4-5）。

第四纪中更新世以来，本区地壳继续上升，在气候方面则不断变干冷。特别是中更新世以后冰期和间冰期反复出现，对岩溶发育具有显著的控制作用。研究区桃河及温河河谷两岸普遍分布有Ⅲ级阶地。该处第四系地层及孢子花粉研究成果表明，上述阶地的形成时代大约相当于中更新世(Q_2)、晚更新世(Q_3)和全新世(Q_4)。与阶地相应有多层溶洞分布,其中最高的两层溶洞规模较大,呈管状溶蚀,位于河面以上130m及60m。另外两处溶洞较低,分别位于河面上方30m和10m左右,溶洞规模较小,呈裂隙状溶蚀。表明随着第四纪气候逐渐变干变冷,岩溶发育强度也逐渐变弱(韩行瑞,1987)。

4.2.6 现代岩溶

现代研究区属暖温带大陆季风气候,春旱多风、夏热多雨、冬寒少雪。这样的气候特征决定了降雨的季节性和突发性,以及地表河流显著的洪水期。洪水对流经的岩溶地层具有极强的冲蚀及破坏,进一步加剧了陡峭谷壁和深切河谷的形成。但由于平均气温较低,又决定了岩溶作用较弱。这就决定了研究区岩溶风化作用以物理风化为主、以化学风化为辅,以水流的侵蚀作用为主、以岩溶溶蚀作用为辅的特点。

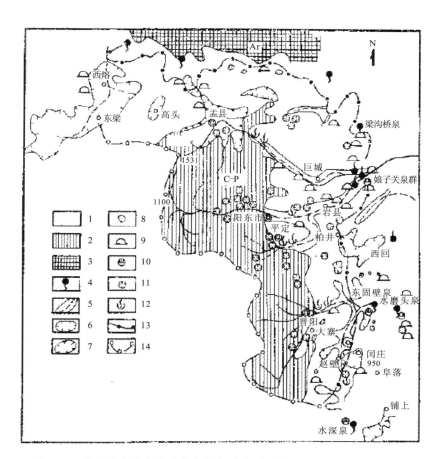

图4-4 娘子关泉域岩溶形态分布略图(据袁道先,《中国岩溶学》,1993)
1.裸露岩溶区;2.埋藏岩溶区;3.非岩溶区;4.岩溶泉;5.干谷;6.溶蚀盆地;7.溶蚀-侵蚀盆地;8.溶蚀洼地及漏斗;9.水平溶洞;10.泉华;11.陷落柱;12.落水洞以及集中漏水地点;13.地形分水岭;14.地下水分水岭

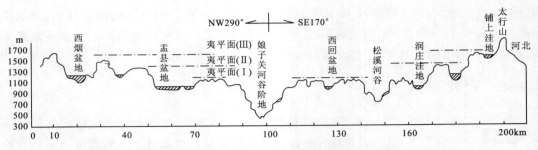

图 4-5　太行山中段岩溶地貌发育阶段剖面图(据袁道先,《中国岩溶学》,1993)

Ⅰ．北台期夷平面：自 55～40MaBP 的始新世早、中期,喜马拉雅造山运动第一幕开始,以山西省五台山和河北省小五台山为中心的地区抬升为山地,古新世准平原构成了山地的顶部而成为山地夷平面。这就是至今仍残留在五台山和小五台山顶部、海拔 2800～3050m 的夷平面。

Ⅱ．太行(甸子梁)期夷平面：自 24～11MaBP 的中新世早、中期,喜马拉雅造山运动第二幕开始,太行山地区又一次抬升,山麓剥蚀面构成了五台山、小五台山周围山地的山顶面。这就是至今仍在甸子梁等山地顶部残留的海拔 1500～2200m 的夷平面。

Ⅲ．唐县期夷平面：自 3～2MaBP 的上新世晚期至第四纪初期,喜马拉雅造山运动进入了第三幕,即新构造运动。太行山地区又一次抬升,前述的丘陵、宽谷和山麓剥蚀面构成了今日低山、丘陵的顶部而形成山地宽谷面和高山麓面。以保存在唐县西部、海拔 400m 左右的丘陵面最为典型。

4.3　娘子关泉群的形成与演变

在地质历史中,本区大面积可溶岩经历了多次岩溶化作用,而娘子关泉的形成与演化则是这漫长岩溶发育史中精彩的一幕。

4.3.1　娘子关泉群形成条件

作为中国北方最大的岩溶泉之一,娘子关泉群的成因一直是广大地质工作者和学者关注的重点之一。由于娘子关泉群主要泉口西从南石桥,南自西塔崖,东至苇泽关,分别沿温河、桃河和锦河河谷分布,纵长约 7km。除靠近东部的水帘洞泉、梁家泉和龙王庙泉出露在Ⅱ级阶地之上以外,绝大部分都分布在河谷的底部河漫滩和Ⅰ级阶地上。泉组出露的绝对高程以最南部的程家泉(海拔 400m),东部的水帘洞泉(海拔 387.7m)为最高；以禁区泉和苇泽关坎下泉最低(前者 360m,后者 348.1m)。沿地表河水流向,程家泉、城西泉和坡底泉位于上游,苇泽关的坎下泉位于最下游,其余各泉居中。目前,水帘洞泉、河坡泉和程家泉流量变化幅度最大,已断流或基本干涸。城西泉和坡底流量动态变化幅度亦较大,其余各泉流量动态较稳定。有鉴于此,广大专家学者一致认为河流的下蚀切割作用是泉群形成的重要因素,该泉群属典型的河流侵蚀型泉群。但关于娘子关泉群的出露成因,历史上曾有不同的看法。特别是苇泽关逆断层是否起到隔水作用,并进而导致泉群出露,曾一度有所争议。

基于抽水试验和水力坡度计算表明苇泽关逆断层确实具有微弱的阻水作用,但其阻水作用不足以成为泉群出露的主导因素(田清孝,1991)。在苇泽关断层东侧 ZK15 孔开展大排量抽水试验。对相距约 400m 断层西侧的 K20 和断层东侧的 K21 钻孔进行水位动态监测。抽水试验开始 10 小时后,K21 孔开始观察到水位变化;18 小时后 K20 孔开始有水位下降。当 ZK15 抽水达到最大降深稳定时,K21 和 K20 孔的水位下降分别为 5cm 和 3cm。上述抽水试验结果表明:苇泽关断层两侧岩溶水有显著水力联系,且阻水现象不明显(表 4-1)。

表 4-1 苇泽关断层两侧水力坡度对照表(据田清孝,1991)

泉孔编号	水帘洞泉	谷突泉	K11 孔	K21 孔	ZK14 孔	K22 孔	说明
孔口地面标高(m)	387.71	373.3	346.606	351.036	338.184	338.484	1. 泉口标高采用谷德操资料; 2. 钻孔标高收集山西省水文一队资料后换算为黄海高程系统
水位埋深(m)	0	0	2.21	9.42	1.465	1.95	
水位标高(m)	387.71	373.3	344.4	341.62	336.72	336.53	
相邻距离(m)	750.0	233.0	376.0	741.0	142.12		
	983.0						
相邻水力坡度(‰)	19.21	124	7.39	6.61			
	44.1						

水力坡度计算进一步证明了这一点。图 4-6 中,水帘洞泉至孔 K20 之间的水力坡度为 44.1‰;孔 K20 和 K21 之间的水力坡度为 7.93‰;断层以东 K21 至 ZK15 的水力坡度为 6.6‰。由此可推断:①断层两侧岩溶水水力联系明显;②断层处水力坡度略大于断层以东的水力坡度,断层具轻微阻水作用。

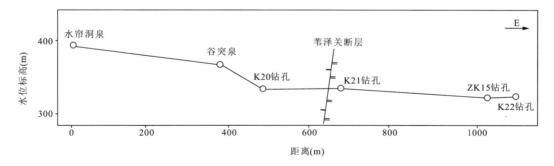

图 4-6 苇泽关断层两侧天然水力坡度示意图

事实上,苇泽关逆断层的出现对娘子关泉群的出露具有重要的积极意义。正是在苇泽关断层形成作用过程中,断层以西的整套地层上升翘起。同时,在桃河的不断侵蚀作用下,下切至娘子关背斜轴部 O_1 隔水层,并发生阻水作用才最终使得岩溶水在此出露成泉。

据此,可以将娘子关泉的形成归结为三个阶段(韩行瑞等,1985)。

(1)桃河尚未侵蚀到 O_1 顶板,河床基岩为 O_2x 灰岩,此时岩溶地下水在娘子关地区不能出露,娘子关泉尚未形成。

(2)桃河侵蚀到 O_1 顶板,但由于 O_1 地层上部为白云岩与灰岩互层,隔水性能差,只能形成季节性泉口。

(3) 桃河进一步下切到 O_1 地层中上部的含燧石条带泥晶白云岩相对隔水层,地下水运移受阻,出露地表,形成稳定的泉群。娘子关泉最初以季节性泉出露的时代正相当Ⅲ级阶地形成的时代或稍后的时代。娘子关泉作为稳定大泉出现的时代应在Ⅱ级阶地形成之前,Ⅲ级阶地形成之后。

4.3.2 娘子关泉群演变

娘子关泉群的演化过程是本区构造运动、古气候变化和区域水文地质条件共同作用的结果。泉群出露处第四系和泉钙华的时空分布特征,为揭示娘子关泉群的演化过程提供了有力的证据。

4.3.2.1 第四纪孢粉纪录

早在 20 世纪 90 年代,桂林岩溶地质研究所就对娘子关典型第四系剖面地层和孢粉分析(韩行瑞,1985)。认为该处第四系剖面自下而上可分为三带(图 4-7)。

第一带,包括第 1~2 层,处于Ⅰ级阶地,岩性为砂砾石层,泥质半胶结,夹红土层。孢粉组合以草本植物花粉占优势,多为耐旱的蒿属,禾本科以及偏干的菊科等。木本植物花粉很少,仅有少量针叶耐湿冷和阔叶树种花粉。表明本带古植被属草原型植被,古气候属干凉,时代为 $Q_3^3—Q_4^1$。

第二带,包括 3~6 层,处于Ⅱ级阶地,主要由泉华组成,夹薄层砂泥质层,总厚40m。孢粉组合特征是针、阔叶树种花粉明显增加。针叶树种中松属花粉剧增,阔叶树种花粉也明显增加。主要有鹅耳杨属、栎属、桦属等。林下灌木有蔷薇科、鼠李科等。草本花粉以蒿属为主。本带古植物以落叶阔叶林为主的针阔叶混交林-草原型植被类型。古气候温暖干燥,时代为 $Q_3^1—Q_2^2$。

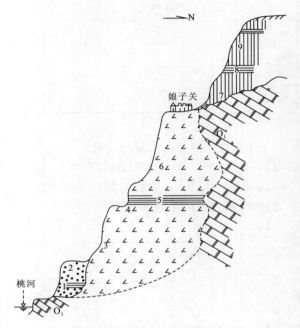

图 4-7 娘子关第四系剖面示意图(据韩行瑞,1985)
1~2. 砂砾石层,半胶结状,红土胶结,夹红土,厚 10m;3~6. 灰华,层状,内夹薄层砂泥,厚 40m;7. 黄土状土,褐黄色,厚 10m;8. 褐色古土壤层,厚 2m;9. 黄土状土,大于 10m;O_1 下奥陶统白云岩

第三带,包括 7~9 层,处于Ⅲ级阶地。孢粉以蒿属、菊科为代表的草本植物花粉为主,混有禾本科、藜科等。木本花粉明显减少。本带古植物属草原植被类型。古气候为干凉,时代为 $Q_2^3—Q_3^1$。

大量研究表明,第四纪气候冰期和间冰期的交替出现,控制着地层中孢粉的成分和分布特性(表 4-2)(唐领余,1981)。根据前述地层孢粉研究可以确定,泉华形成在温热而干燥的气候条件下,属 Q_3 间冰期的产物,娘子关泉应出现于泉华沉积之前和Ⅲ级阶地红土沉积之后,

即 Q_2 晚期和 Q_3 初期。这一认识基本与我国华北地区冰期-间冰期孢粉组具有较好的对应性。但由于孢粉组合研究手段的局限性，以及最新研究表明在典型大冰期和间冰期之间还存在着诸多亚冰期及冰后期，因此单纯依据孢粉组合信息无法对娘子泉的形成演化提供更精确的时代信息。因此，也有不少学者尝试利用娘子关泉钙华测年来获取更为精确的年代信息。

表4-2 我国华北地区冰期-间冰期孢粉组合对照表（据唐领余，1981，有修改）

时代	冰期/间冰期	孢粉组合
全新统	冰后期	孢粉组合早晚期以松属为主，桦属、蒿属、藜属次之，反映为森林草原植被气候；中期以栎属、榆属、朴属和椴属为主。反映为针阔叶混交林及草原型植被
晚更新统	第五冰期	孢粉组合以云杉属、冷杉属和松属为主
晚更新统	第四间冰期	孢粉组合以松属、桦属、榆属、胡桃属、枫杨属、蒿属为主。反映为针阔叶混交林或草原型植被
晚更新统	第四冰期	孢粉组合以禾本科、百合科和莎草科为主，木本科花粉中以松科花粉为主。反映当时植被主要是草原类型，有部分针叶树种
中更新统	第三间冰期	孢粉组合以桦属、朴属、榆属和栎属为主。代表了落叶阔叶林为主的植被，针叶树种较少
中更新统	第三冰期	孢粉组合以菊科、蒿属和禾本科为主。木本植物罕见，有少许云杉属、松属
早更新统	第二间冰期	孢粉组合以松属、桦科、朴属、蔷薇属和蒿属为主。反映为针阔叶混交林植被类型
早更新统	第二冰期	孢粉组合以松属、云杉属、冷杉属或蒿属、藜属、蔷薇属、菊科和卷柏属为主。阔叶树种及亚热带种属特别明显地减少，甚至没有出现
早更新统	第一间冰期	孢粉组合以松属、榆属、栎属、桦属和椴属为主，间有少量的第三纪子遗分子。反映当时以阔叶林为主，林内还存有零星的第三纪子遗的亚热带喜热种属
早更新统	第一冰期	以松属、云杉属、冷杉属和菊科植物为主。反映当时为针叶林植被

4.3.2.2 娘子关泉钙华记录

泉钙华是岩溶地下水以泉水的形式出露地表后，由于其压力和温度等环境条件的改变，导致地下水中溶解的 CO_2 等气体逸出，同时某些化学物质因过饱和而发生沉淀析出，这些沉淀物常在泉口附近形成泉华，其中以 $CaCO_3$ 沉淀物形成的钙华最为常见。由于岩溶泉分布、规模、沉积特点，以及形成历史差异，泉钙华的出露特征也形态各异。作为历史时期的产物，泉钙华不仅可以提供岩溶水流动系统和水化学信息，同时亦可为探讨泉群的时空发育过程和成因提供沉积学证据(张江华,2007)。

娘子关泉钙华主要分布在娘子关镇附近约 $2km^2$ 范围内。其厚度超过 40m,为多个历史时期堆积而成。本区泉钙华形成两级主要钙华台地,分别位于绵河的Ⅱ级、Ⅲ级阶地上(图4-8)。Ⅰ级阶地尽管也有泉钙华分布,但数量较少,分布范围较小。而在水帘洞泉和苇泽关泉等常年有瀑布流动的泉口下方则形成了现代泉钙华。目前,依据娘子关泉群的钙华分布及结构特征,可将其初步分为四期。

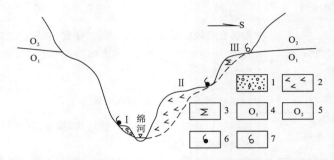

图4-8 娘子关绵河泉钙华分布示意图(据孙连发、李义连等,1997)
1.Ⅰ级阶地泉钙华;2.Ⅱ级阶地泉钙华;3.Ⅲ级阶地泉钙华;4.下奥陶统白云岩;
5.中奥陶统灰岩;6.活动泉点;7.化石泉

一期泉钙华:主要沉积于绵河的Ⅲ级阶地上,分布范围较大,主要分布于河坡村和娘子关以及苇泽关驻军营房后。该期泉钙华结构致密,呈不整合上覆于奥陶系碳酸盐岩上,其顶面位于中、下奥陶统分界面附近。

二期泉钙华:沉积于绵河Ⅱ级阶地上,发育规模最大,主要分布于绵河右岸,沿岸延伸约3km。结构致密,新鲜面呈肉红色,显密集树枝状结构,且钙华体质地坚硬,纯净。

三期(Ⅰ级阶地)泉钙华:多穿插发育于中期泉钙华之中,断续分布。在Ⅱ级阶地的溶洞中也可见该期泉钙华多为石钟乳,有的与砾石胶结在一起构成砾岩。

四期泉钙华:为现代泉钙华,主要分布于瀑布下垂的Ⅱ级阶地,呈断续状分布。

针对娘子关泉钙华的形成年代,周游游(1988)通过对山西娘子关的灰华及其古环境的研究工作,提出其形成时代为距今 8000~50 000 年。当时的气候环境比现今温暖而湿润,娘子关灰华停止发育的原因是泉口的移动。1999 年,李义连等采用热释光测年法对娘子关泉钙华进行了大量样品定年工作,进一步圈定了娘子关泉钙华的形成时代(表4-3)。研究成果表明,娘子关Ⅲ级阶地(一期)泉钙华形成于中更新世晚期,距今 186~160ka;Ⅱ级阶地(二期)泉钙华形成于晚更新世,其中该阶地中部规模较大的泉钙华形成于晚更新世的早—中期(距今约9.0万年),而其他几期较新的泉钙华则断续形成于晚更新世中后期,距今 62.2~36.2ka。该研究成果极大程度地推动了对娘子关泉群形成史的认识,将其形成年代推进至中更新世晚期。随着碳酸盐介质定年手段的丰富和成熟,刘再华等(2009)采用 ^{230}Th 测年法再次对娘子关泉钙华开展了时代划定研究工作(表4-3)。测试结果表明,绵河Ⅱ级阶地(二期)沉积的娘子关泉钙华的最老年龄在 407~466ka。这一年龄数据意味着绵河Ⅱ级阶地上的泉钙华最早可能在中更新世 MIS12/11 阶段形成的。MIS11(423~362ka)目前被认为是最近 600ka 以来最为温暖和持续时间最长的超级间冰期,而与之相邻的 MIS12 则是一次非常重要的冰期,是最近

500ka 以来一次极端寒冷的冰期。而 MIS12/11 之间的过渡则是中新世以来最强烈的冰期—间冰期转换过程,期间全球冰量、海平面以及陆相沉积序列都发生了显著的变化。这一证据进一步明确了娘子关泉群钙华最发育的时间为中更新世冰期—间冰期转化阶段,也就是说该时代为娘子关泉由中等发育逐渐进入兴盛期的时期。由此推测,绵河Ⅲ级阶地娘子关泉钙华(一期钙华)形成的年代更早,可能是中更新世的 MIS14(冰期)/13 阶段(间冰期)。对绵河Ⅰ级阶地顶部的(第四期)钙华 230Th 测定结果表明,其形成于距今约 5ka 前,即是在全新世中期以前形成的。

表 4-3 山西娘子关泉钙华测年结果统计表

样品类别	样品编号	230Th 年龄(ka)	热释光年龄(10^4 aBP)	$\delta^{13}C$(‰)	$\delta^{18}O$(‰)	备注
一期钙华	NZG-Ⅲ-1-1	>470.000		-7.14	-12.31	
	NR1		16.02±1.12	-8.19	-11.17	
	NR2		18.61±1.36	-7.60	-11.19	
二期钙华	NZG-1	465.834±7.595		-8.76	-11.91	
	NZG-2	435.557±6.522		-8.77	-11.94	
	NZG-3	406.641±6.119		-8.71	-11.97	
	NZG-4	417.794±5.510		-8.71	-12.13	
	NZG-5	423.116±8.209		-8.56	-12.23	
	NR16		1.59±0.13			
	NR6		3.76±0.27			
	NR8		4.50±0.32			
	NR4		19.86±1.41			
	NR17		3.62±0.29	-7.54	-10.36	
	NR11		4.11±0.30	-6.32	-12.15	
	NR15		5.29±0.38	-7.95	-11.49	
	NR7		6.22±0.44	-4.80	-11.22	
	NR5		9.05±0.64	-7.48	-11.59	
三期钙华						未测定
四期钙华	NZGS1	5.751±0.033		-8.07	-11.23	
	NZGS2	4.952±0.206		-8.12	-11.32	
备注		据刘再华等,2009	据李义连,1999			

4.3.2.2 娘子关泉群动态演变

前人针对娘子关泉群第四系地层、孢粉组合、泉钙华定年等研究工作,为深入分析娘子关泉群的演化提供了科学依据。结合本区的构造、古气候变化(李义连,1999;刘再华,2009)以及娘子关泉群和泉钙华的时空分布特征,在前人研究成果的基础上(孙连发,1997;李义连,1999;张江华,2007),可进一步将娘子关泉群的演化修正为以下几个阶段(图4-9)。

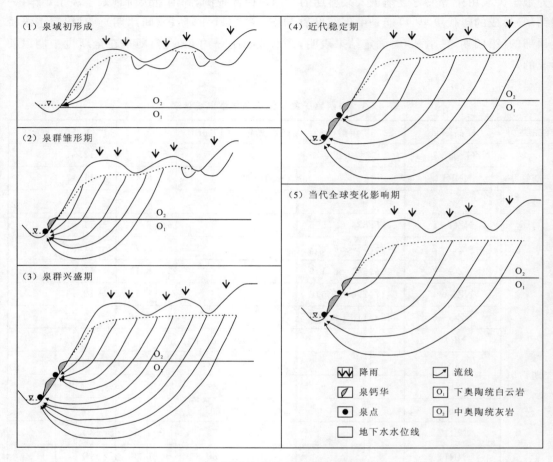

图4-9 娘子关泉群时空演化过程示意图

(1)泉域初步形成。如前所述,在晚白垩世,沁水盆地在太平洋板块及印度板块的俯冲作用下,整个盆地仍以挤压抬升剥蚀为主,并逐渐形成了延续至今的复向斜构造的雏形。后经过燕山中期形成的太行山、太岳山经向构造体系,与南北端的绛县—驾岭、阳曲—盂县纬向构造带联合控制,沁水盆地正式成形。这也说明娘子关泉域作为沁水台拗的一部分在此时已形成初步雏形。后经喜马拉雅期多期次的挤压抬升,使先期形成的褶皱进一步被改造,泉域地形呈现出西高东低、南北高、中部低的特点。桃河与温河自西向东径流,并在娘子关一带汇集为绵河。区内岩溶系统在第四纪冰期/间冰期作用下,岩溶发育强烈,在区内多处河谷地带形成岩溶洞穴。但受岩溶发育程度限制,区域尺度的岩溶水系统尚未形成,多为局部岩溶流动系统。

(2)娘子关泉雏形期。中更新世早、中期随着地壳的抬升,导致娘子关泉域范围内河流进一步侵蚀下切,在其后期有大量溶洞开始逐渐出露地表。在距今500~600ka时,地表河流河床下切至O_1相对隔水层顶部,该层岩性以白云岩夹灰岩互层为主,且灰岩多属白云质灰岩,

与研究区 O_2 地层的灰岩相比,其相对隔水性能较强,导致岩溶地下水沿 O_1 与 O_2 分界面出露成泉。此时,由于岩溶水补给区域分散,补给来源不稳定,因此只能形成季节性泉。这些季节性泉经不断发育最终保留到现在的遗迹就是目前在河坡村、娘子关和苇泽关军营附近完整保存的该期泉钙华,这些泉钙华所代表的泉组构成了娘子关泉群的早期雏形。泉钙华^{13}C 和 ^{18}O 同位素研究(李义连,1999;刘再华等,2009;孙连发,1997)表明,当时研究区气候为间冰期温热气候,岩溶作用活跃,有利于大量泉钙华的沉积。由于当时岩溶地下水系统主要以局部流动系统为主,岩溶泉流量有限,受季节性波动影响明显,故该期岩溶钙华沉积规模比较有限。

(3)娘子关泉兴盛期。由于娘子关区域 O_1 相对隔水层顶部岩性以白云岩夹灰岩互层为主,因此,在漫长的历史时期,河流侵蚀下切作用并未停止。区域河流下切速率受区域地层岩性显著影响,在逐渐到达 O_1 地层中上部富含燧石条带的白云岩时,地表河流的侵蚀速率受到严重抑制。而此时在苇泽关断层形成过程中,造成区域地层在娘子关处发生轻微上翘,最终为岩溶地下水出露成泉创造了条件。

河流侵蚀下切过程也是区域岩溶水位逐渐下移的过程。在此过程中,原先溶蚀速率较慢的 O_1 顶部碳酸盐岩地层受水动力作用条件改善的影响,其溶蚀速率加快,岩溶地下水系统不断向纵深发展。由此可见,由于河流下切,侵蚀基准面持续下移,从而最终使得相邻的局部流动系统发育、扩展、建立了良好的水力联系,进而融合成为一个具有7000多平方千米汇水面积的岩溶泉域。据刘再华等(2009)钙化年龄测定结果可知,该期泉钙华主要形成于中更新世 MIS12/11 时期。而 MIS11(423~362ka)是最近600ka 以来最为温暖和持续时间最长的超级间冰期。长时间持续的温暖湿润气候环境为岩溶作用活跃提供了充分的环境条件,而研究区彼时喜马拉雅运动引发的地壳抬升作用则为岩溶地下水系统发育扩大和岩溶泉出露提供了有利的地质条件,从而在当时的河流谷底发育了以水帘洞泉、河坡泉、苇泽关谷突泉为代表的岩溶泉群。在这一时段也形成了该区域数量和体积最为庞大的泉钙华沉积(Ⅱ级阶地泉钙华)。此时,娘子关泉不论是流量、还是沉积的钙华都较前一时期大得多,娘子关泉发育达到兴盛期。此外,依据李义连等(1999)对泉钙华的年龄测试数据推断,在距今50~23ka 出现一暖亚期,在先期形成的Ⅱ级阶地的泉钙华中穿插发育了这一时段较新时期的钙华。这也说明,尽管Ⅱ级阶地泉钙华主体形成于中更新世 MIS12/11 时期,但在后期的冰期/间冰期反复作用过程中,仍有部分的后期泉钙华叠加沉积;同时也表明,娘子关泉的发育兴盛期是一个历时比较长的过程。

(4)娘子关泉群近代稳定期。在经历了一系列的冰期/间冰期后,娘子关泉群进入了较为干冷的全新世早期。此时由于河流持续下切作用,泉口也不断下移,更新世时期泉群中各泉点仅保留了程家、河坡、水帘洞、谷突诸泉,其余泉则逐渐湮没或下移。最终在河谷的Ⅰ级阶地或河漫滩上新出露形成五龙泉、石板磨泉、滚泉、桥墩泉、禁区泉和坎下泉等。在这一阶段,岩溶地下水流动系统也与泉群的演化相对应地发生了较大程度的变化,主要体现在:①侵蚀基准面的下降,导致岩溶地下水水位也相应下降,泉域范围内的区域流动系统进一步融合,特别是在径流、排泄区,地下水流动系统进一步向纵深发展;②程家、河坡、水帘洞和谷突泉等在更新世时期形成的泉点,因岩溶地下水水位下降而导致由先前的区域流动系统排泄点转变为仅接受其上游局部岩溶子系统来水的局部岩溶水系统排泄点。其结果是,上述泉点的流量明显受季节性降雨影响,泉水流量不稳定;③分布于Ⅰ级阶地和河漫滩上的泉点,因接受娘子关泉域区域流动系统的岩溶地下水补给,而流量稳定。取自Ⅰ级阶地的泉钙华年龄测定为距今约5ka,

至此,现在娘子关泉群进入现代稳定发育期。

(5)娘子关泉群当代全球变化影响期。天然情况下,娘子关泉群岩溶水以泉水出露的方式排泄,但近代人类活动凿井取水,使得人工取水成为区域岩溶地下水的另一主要排泄方式。此外,随着人类活动的规模逐渐加大,更进一步加大了对娘子关岩溶地下水系统的扰动。20世纪70年代以来,大规模采煤、冶金、化工和农业活动,导致泉域内用水量急剧增加,区域性地下水位持续下降,从根本上改变了泉域岩溶地下水的动态均衡。同时,在全球气候变化影响下,泉域范围内降雨时空不均衡现象进一步加剧。上述因素已经直接影响到岩溶地下水系统的补给和径流:①局部流动系统由于受降雨和人为活动的直接影响,因此岩溶地下水和泉水均呈现更高的水位或流量不稳定性,出现衰减现象,如程家、河坡和水帘洞泉等已断流或基本干涸;②区域流动系统地下水人工开采力度不断加大,岩溶水地下水水位持续下降,岩溶泉流量受之影响也开始萎缩。

§5 区域岩溶水水化学特征

5.1 岩溶水水化学特征

娘子关岩溶水系统的地下水主要赋存于石炭二叠系含水层、中奥陶统含水层和下奥陶统含水层,分布在岩溶水系统西部的石炭二叠系裂隙水一部分以地表水的形式排泄,另一部分越流补给孔隙水和中奥陶统岩溶地下水,因此可以将其作为中奥陶统岩溶水的补给源来对待。作为岩溶水系统最主要的岩溶水含水层,中奥陶统含水层依据岩溶水系统地下水径流和排泄特征,可以划分为两个子区域,即西部的漏斗区子系统和东部的岩溶泉子系统。岩溶水系统下奥陶统含水层具有相对独立的补-径-排系统在一定程度是岩溶水系统岩溶地下水的重要补充,但由于其岩溶发育程度较差,因此在岩溶水系统地下水中不具有重要的供水意义。

5.1.1 常量组分分布特征

由于本次研究采样工作主要集中于夏季,研究区域夏季气温较高,因此本次研究数据仅代表研究区夏季地表水水温(22.0~29.0℃),均值24.9℃。区域地表水均呈中性至碱性,pH值在7.48~10.12之间波动,均值8.09。地表水水样pH值最高的样品取自桃河下游下盘石段,表明该处地表水受人类活动影响较大。地表水电导率介于722~2470μs/cm之间,均值1463.9μs/cm;TDS(总溶解固体)介于607.7~2274.6mg/L之间。地表水主要阳离子中K、Na、Ca、Mg的含量分别在0.01~11.7mg/L、9.49~137.1mg/L、94.27~331.0mg/L和30.61~72.75mg/L之间,平均含量分别为5.40mg/L、72.89mg/L、180.5mg/L和45.98mg/L;可见Ca离子含量为最高。主要阴离子中SO_4^{2-}含量最高(229.0~976.5mg/L)。其次为HCO_3^-、Cl^-和NO_3^-,其含量分别在17.58~143.9mg/L、23.11~388.3mg/L和0.98~106.8mg/L之间,平均含量分别为56.68mg/L、182.4mg/L和54.72mg/L。地表水中较高的NO_3^-含量表明,该处地表水受到了农业活动、生活污水等人类活动来源的影响。

研究区孔隙水主要分布于沟谷、洼地等低地。其水温受地表水影响显著。孔隙水水温较地表水为低,三处孔隙水水温分别为13.2℃、20℃和21.0℃,均值18.1℃;pH分别为7.34、7.54和7.54,均值7.47;电导率分别为937μs/cm、1025μs/cm和1587μs/cm,均值1183μs/cm;TDS(总溶解固体)含量分别为855.2mg/L、941.7mg/L和1399.4mg/L,均值为1065.4mg/L;阳离子K、Na、Ca、Mg的含量分别为0.06mg/L、0.05mg/L和1.43mg/L,19.88mg/L、24.74mg/L和40.01mg/L,136.3mg/L、154.2mg/L和238.5mg/L,35.25mg/L、35.44mg/L和51.88mg/L,平均含量分别为0.51mg/L、28.21mg/L、176.3mg/L和40.86mg/L;阴离子

Cl^-、SO_4^{2-}、HCO_3^-、NO_3^- 的含量分别为 20.56mg/L、25.67mg/L 和 112.3mg/L,288.6mg/L、280.3mg/L 和 347.6mg/L,207.4mg/L、265.4mg/L 和 320.5mg/L,36.09mg/L、45.40mg/L 和 147.1mg/L,平均含量分别为 52.84mg/L、305.5mg/L、264.4mg/L 和 76.20mg/L。

岩溶地下水水温介于 16～20℃ 之间,均值 18.4℃,接近研究区年平均气温。岩溶地下水 pH 值在弱酸性至弱碱性之间波动(6.04～8.14),平均值 7.41;由于岩溶地下水主要赋存于岩溶含水层中,其主要控制水岩反应为碳酸盐岩的溶解和沉淀,因此岩溶水 pH 值均呈现弱碱性至碱性。研究区岩溶地下水中检出酸性水,表明该处岩溶地下水受到了其它地下水地球化学过程的影响。岩溶地下水电导率介于 461～2360μs/cm 之间,均值 1200.9μs/cm;同时,TDS 介于 396.7～1709.5mg/L,均值 1047.6mg/L;说明研究区岩溶地下水水质咸化程度不严重,但依然应引起足够重视。岩溶水主要阳离子 K、Na、Ca、Mg 最高含量出现在 Mg 离子中,为 777.1mg/L,其次为 Ca 离子,331.5mg/L。K 和 Na 的离子含量分别为 0.01～4.36mg/L 和 4.03～98.37mg/L 之间,平均含量分别为 1.16mg/L 和 37.49mg/L。主要阴离子中除 HCO_3^- 外,Cl^-、SO_4^{2-} 和 NO_3^- 的含量较历史记录均呈现持续升高趋势。其含量范围分别为 7.37～362.9mg/L、9.52～750.3mg/L 和 13.67～194.6mg/L,平均含量 86.40mg/L、275.8mg/L 和 62.98mg/L。

岩溶泉水温较岩溶地下水高,介于 18.0～22.0℃ 之间,均值 19.8℃,表明其极有可能受到具有较高水温的地表水的渗漏补给;岩溶泉 pH 在 7.36～8.40 之间波动,平均值 7.67,呈现出典型的弱碱性的特征;区域岩溶泉水的电导率和 TDS 值均较低。其中电导率介于 851～944μs/cm,均值 918.2μs/cm;TDS 介于 692.5～817.4mg/L,均值 771.7mg/L。与之相应,岩溶泉水中的主要阳离子 K、Na、Ca、Mg 的含量也分别在 0.49～0.83mg/L、28.15～35.79mg/L、99.44～119.5mg/L 和 31.04～37.39mg/L 之间,平均含量分别为 0.65mg/L、32.81mg/L、110.5mg/L 和 35.44mg/L;阴离子中 Cl^- 的含量较低,在 52.18～67.36 之间,平均含量为 61.31mg/L。岩溶泉中 SO_4^{2-} 和 HCO_3^- 的含量均较高,其浓度范围为 96.13～203.1mg/L 和 200.3～277.3mg/L 之间,均值为 160.9mg/L 和 253.7mg/L。说明在岩溶泉水演化过程中,碳酸盐岩和硫酸盐(主要是石膏)的溶解是主要的水岩作用控制因素。岩溶泉中 NO_3^- 的浓度水平也较高,介于 29.64～69.15mg/L 之间,均值为 43.04mg/L,远高于我国地下水饮用标准。

两处裂隙水水温均较低,分别为 15.5℃ 和 18.0℃,均值 16.75℃;pH 分别为 7.71 和 7.32,均值 7.52;电导率分别为 550μs/cm 和 762μs/cm,均值 656μs/cm;TDS(总溶解固体)含量分别为 478mg/L 和 653.2mg/L,均值 565.6mg/L;阳离子 K、Na、Ca、Mg 的含量分别为 0.02mg/L 和 0.01mg/L,8.18mg/L 和 17.68mg/L,84.32mg/L 和 99.96mg/L,14.69mg/L 和 30.55mg/L,平均含量分别为 0.015mg/L、12.93mg/L、92.14mg/L 和 22.62mg/L;阴离子 Cl^-、SO_4^{2-}、HCO_3^-、NO_3^- 的含量分别为 16.45mg/L 和 32.61mg/L,77.06mg/L 和 132.4mg/L,166.4mg/L 和 272.1mg/L,62.96mg/L 和 16.08mg/L,平均含量分别为 24.53mg/L、104.7mg/L、219.3mg/L 和 39.52mg/L。

采煤区矿坑水 pH 在 3.80～8.14 之间,平均值 7.27;电导率介于 840～4670μs/cm,均值 2195μs/cm;TDS(总溶解固体)含量介于 751.4～6961.1mg/L,均值 2408.8mg/L;阳离子 K、Na、Ca、Mg 的含量分别在 0.01～5.92mg/L、17.91～853.9mg/L、107.8～411.0mg/L 和 31.34～53.99mg/L 之间,平均含量分别为 2.02mg/L、323.9mg/L、171.0mg/L 和 88.10mg/L;阴离子 Cl^-、SO_4^{2-}、HCO_3^-、NO_3^- 的含量分别在 12.41～100.7mg/L、128.3～4217.0mg/L、0.0～

662.5mg/L 和 0.0～117.7mg/L 之间,平均含量分别为 40.16mg/L、469.1mg/L、336.9mg/L 和 48.35mg/L。

取自阳泉市区的降雨样品呈现较低的 pH 值(6.66),表明该区域降雨具有典型的酸雨特征。降雨样品中较高的电导率(191μs/cm)、TDS(105.7mg/L),以及较高的主量阴阳离子组分 Ca(23.07mg/L)、Mg(1.17mg/L)、Cl^-(3.83mg/L)、SO_4^{2-}(30.26mg/L)、HCO_3^-(12.33mg/L)和 NO_3^-(4.32mg/L),说明大气沉降是该区域地下水中污染组分的主要来源之一。

综上所述,研究区天然水体水温依地表水、矿坑水、岩溶泉、孔隙水、降雨、裂隙水顺序减小。尽管岩溶水深处地下几十米至数百米不等,但与埋深较浅的裂隙水相比较,其较高的水温表明其可能受到了地表水或矿坑水的渗漏影响而导致水温升高。

而 pH 值则以地表水、岩溶泉、裂隙水、孔隙水、矿坑水、降雨顺序降低。由于受黄铁矿氧化生成硫酸的影响,矿坑水理应具有最低的 pH 值。但大部分采集自煤矿排水口处的矿坑水均呈中性或碱性,而其较高的硫酸盐含量也使得相信在矿坑水排出坑口之前已经受到了人类活动的影响或者和其所处的岩层发生了充分的水-岩相互作用。其中 0745 号水样取自坑井底部,其非常低的 pH 值(3.80)和低于检测限的 HCO_3^- 及 NO_3^- 含量,揭示了未受人类活动影响的矿坑水的水化学特征。作为降雨和地下水排泄的主要方式,地表水在与其流经的河床或下垫面发生相互作用的过程中会使得其 pH 值略高于地下水和降雨,但其最高值 10.12 显然属于异常现象,这表明在地表水中还有来自其他来源的补给。结合在研究区野外调查实践,初步判定这种来源水为工业污水和生活污水的混合污水。在桃河流经主要城区及工矿生产区的过程中,部分污水未经处理就直接排放进入地表水系,导致地表水水质下降。

在阳离子中,地表水的 K^+ 含量最高,其次为矿坑水、岩溶水、岩溶泉、孔隙水,而裂隙水和降雨的 K^+ 含量最低;Na^+ 含量依矿坑水、地表水、岩溶水、岩溶泉、孔隙水、裂隙水和降雨顺序降低;Ca^{2+} 含量则依地表水、孔隙水、矿坑水、岩溶水、岩溶泉、裂隙水和降雨顺序降低;Mg^{2+} 含量以矿坑水为最高,然后是地表水、岩溶水、孔隙水、岩溶泉、裂隙水和降雨。

而阴离子中,岩溶水的 Cl^- 含量却最高,其次是岩溶泉、地表水、孔隙水、矿坑水、裂隙水和降雨;SO_4^{2-} 含量以矿坑水为最高,其次是地表水和孔隙水,然后是岩溶水、裂隙水和降雨。通常来说,矿坑水中较高的 SO_4^{2-} 含量是由于煤层中的黄铁矿氧化所致,但地表水和孔隙水中相当高的硫酸盐含量,令人不能不怀疑研究区地表水和孔隙水受到了矿坑水的污染,而部分岩溶水中相当高的硫酸盐也极有可能和矿坑水污染有关;NO_3^- 离子的含量以孔隙水为最高,其次是岩溶水,然后是地表水、矿坑水、岩溶泉、裂隙水和降雨,可见农业活动对孔隙水和岩溶水的污染要胜于对其他水体的污染。研究区岩溶地下水总体上呈现高硫酸盐、高 Ca^{2+}、高 TDS 特征,部分水样具有较高的 Cl^- 和 Na^+ 含量(表 5-1)。

5.1.2 微量组分分布特征

研究区水样中大部分微量元素的含量以矿坑水为最高,其次为岩溶水和地表水。其中 Al 仅在岩溶水和矿坑水中检出;Fe 在几乎所有水样中均有检出,但含量以矿坑水为最高,其次是岩溶水,而在地表水、裂隙水和岩溶泉中的含量却非常低,甚至未检出;Mn 则在矿坑水、地表水和岩溶水中均有高值出现;P 元素则仅在地表水和岩溶水中检出;Si 含量降低次序为矿坑水、孔隙水、裂隙水、岩溶水、岩溶泉、地表水和雨水;Sr 含量依次降低为矿坑水、地表水、岩溶

表 5-1 研究区天然水体水化学常量组分平均值统计表

水样类型	水温(℃)			pH			电导率(μS/cm)			K⁺(mg/L)			Na⁺(mg/L)			Ca²⁺(mg/L)		
	最小值	最大值	均值	最小值	最大值	均值	最小值	最大值	均值	最小值	最大值	均值	最小值	最大值	均值	最小值	最大值	均值
地表水	22	29	24.9	7.48	10.12	8.09	722	2470	1463.9	0.01	11.7	5.4	9.49	137.1	72.9	94.27	331	180.5
孔隙水	13.2	21	18.1	7.34	7.54	7.47	937	1587	1183	0.06	1.43	0.51	19.88	40.01	28.2	136.3	238.5	176.3
矿坑水	18.5	23.8	20	3.8	8.14	7.27	840	4670	2195.6	0.01	5.92	2.02	17.91	853.9	324	107.8	411	171
岩溶水	16	20	18.3	6.04	8.14	7.41	461	2360	1200.9	0.01	4.36	1.16	4.03	98.37	37.5	63.15	331.5	165.3
岩溶泉	18	22	19.8	7.36	8.4	7.67	851	944	918.2	0.49	0.83	0.65	28.15	35.79	32.8	99.44	119.5	110.5
裂隙水	15.5	18	16.8	7.32	7.71	7.52	550	762	656	0.01	0.02	0.015	8.18	17.68	12.9	84.32	99.96	92.1

水样类型	Mg²⁺(mg/L)			Cl⁻(mg/L)			SO₄²⁻(mg/L)			HCO₃⁻(mg/L)			NO₃⁻(mg/L)			TDS(mg/L)		
	最小值	最大值	均值	最小值	最大值	均值	最小值	最大值	均值	最小值	最大值	均值	最小值	最大值	均值	最小值	最大值	均值
地表水	30.61	72.75	46	17.58	143.9	54.7	229	976.5	522	23.11	388.3	182.4	0.98	106.8	54.7	607.7	2274.6	1284
孔隙水	35.25	51.88	40.9	20.56	112.3	52.8	280.3	347.6	305.5	207.4	320.5	264.4	36.09	147.1	76.2	855.2	1399.4	1065.4
矿坑水	31.34	53.99	88.1	12.41	100.7	40.2	128.3	4217	1129.3	0	662.5	336.9	0	117.7	48.4	751.4	6961.1	2408.8
岩溶水	11.51	777.1	42.9	7.37	362.9	86.4	9.52	750.3	275.8	0	582.4	264.4	13.67	194.6	63	396.7	1709.5	1047.6
岩溶泉	31.04	37.39	35.4	52.18	67.36	61.3	96.13	203.1	160.9	200.3	277.3	253.7	29.64	69.15	43	692.5	817.4	771.7
裂隙水	14.69	30.55	22.6	16.45	32.61	24.5	77.06	132.4	104.7	166.4	272.1	219.3	62.96	16.08	39.5	478	653.2	565.6

泉、孔隙水、岩溶水、裂隙水和降雨。以上迹象表明,采矿活动很可能是微量元素进入天然水中的主要途径之一(表5-2)。

表5-2 研究区天然水体水化学微量组分平均值统计表

水样类型	B (μg/L)	Ba (μg/L)	Co (μg/L)	Fe (μg/L)	Mn (μg/L)	Pb (μg/L)	Si (mg/L)	Sr (mg/L)
地表水	110.0	53.75	—	16.25	330.0	—	3.13	1.67
孔隙水	30.00	50.33	—	93.33	25.00	—	4.05	1.32
岩溶水	47.06	53.33	—	280.0	118.9	20.00	3.43	1.23
岩溶泉	78.33	51.67	—	15.00	—	20.00	3.20	1.66
矿坑水	75.00	43.33	156.7	35 243	5446	65.00	5.18	2.74
裂隙水	10.00	70.00	—	15.00	—	—	3.78	0.76
雨水	—	50.00	—	120.0	—	—	0.90	0.06

5.2 人类活动对地下水影响分析

为了深入认识人类活动对岩溶地下水水化学的影响作用,拟引入主成分统计分析手段(SPSS 12.0)。主成分分析参数包括水温(T)、pH 值、电导率(EC)、K^+、Na^+、Ca^{2+}、Mg^{2+}、Cl^-、SO_4^{2-}、碱度(HCO_3^-)、NO_3^-、$\delta^{18}O$、δD 和总溶解固体(TDS)14 个指标。主成分因子提取采用 Kaiser 标准方法(Cooley & Lohnes,1971),该方法中只有大于 1 的特征值可以被列出来。因子旋转采用最大方差法(Varimax),主成分分析结果见表5-3。

表5-3列出了符合条件的3组因子组合,它们共同贡献了岩溶水水质的78.5%。不同因子组成的变量百分比差异,反映了它们对岩溶地下水水质形成的贡献大小。

因子1主要包括 pH、EC、Na^+、Ca^{2+}、Mg^{2+}、SO_4^{2-} 和 TDS,其贡献了总变量的46.7%。该组参数中 Ca、Mg 以 0.8 和 0.95 的高因子值出现。由于研究区岩溶地层主要以 Ca、Mg 碳酸岩为主,因此这两个参数的高值出现,表明岩溶水-碳酸盐岩的水-岩相互作用(溶解—沉淀)是控制该区域地下水水质的主要因素之一。然而研究区水样中 Ca^{2+}、Mg^{2+}、TDS 和 HCO_3^- 较低的相关关系,以及 HCO_3^- 在该因子中较低的值说明,碳酸盐岩溶解还不足以充分解释主因子1的成因。因子1中较高的 SO_4^{2-} 值意味着,硫酸盐的来源可以在更大程度上解释该因子所代表的岩溶水水质成因。通常来说硫酸盐的来源包括降雨、硫化肥的使用以及硫化物和硫酸盐矿物(主要为石膏)的溶解。

研究区作为中国主要产煤区之一,每年都有大量的矿坑水生成。这些矿坑水一部分被抽出处理后,再加以循环利用,但仍有一大部分通过渗漏作用进行岩溶地下水或直接排入地表河流。因此,煤矿开采活动是该区域岩溶地下水中硫酸盐的主要来源之一。水化学数据也同样可以为揭示岩溶地下水中上述离子的来源提供证据。假定岩溶水中 Ca^{2+}、Mg^{2+} 全部来源于方解石、白云石和石膏的溶解,且硫酸盐主要来源于石膏来源。那么,方解石、白云石来源的 Ca^{2+} 就可以通过做差法来计算得到,具体为:碳酸盐岩来源 Ca^{2+} 等于总 Ca^{2+} 减去石膏来源 Ca^{2+}(因石膏化学组成为 $CaSO_4$,故石膏来源 Ca^{2+} 的浓度也就等于 SO_4^{2-} 浓度,mmol/L)。

表 5-3 主成分分析因子提取结果表

成分	因子 1	因子 2	因子 3
T	0.101	**0.797**	−0.0375
pH	**−0.856**	0.235	0.129
EC	**0.895**	0.288	−0.00274
K^+	0.330	**0.772**	0.0239
Na^+	**0.889**	0.178	−0.0564
Ca^{2+}	**0.801**	0.278	0.131
Mg^{2+}	**0.950**	0.0462	−0.0710
Cl^-	0.0184	0.283	**0.732**
SO_4^{2-}	**0.949**	0.206	−0.213
HCO_3^-	−0.277	−0.460	0.560
NO_3^-	−0.0662	0.193	**0.872**
$\delta^{18}O$	0.0307	**0.837**	0.272
δD	0.0886	**0.776**	0.318
TDS	**0.974**	0.188	−0.0128
Expl. Var	5.93	3.19	1.87
Prp. Total	0.423	0.228	0.134
Eigenvalues	6.53	3.05	1.41
变量百分占比(%)	46.7	21.8	10.1
累加百分比(%)	46.7	68.4	78.5

由图 5-1 分析可知,假定排除掉石膏来源的钙时,那么,如果地下水中钙主要来源于方解石溶解,水样点就会落在 1∶2 关系线附近;而如果地下水中的钙主要来源于白云石,那么水样点就会落在 1∶4 关系线附近;水样点如果落在这两条关系线之间,就代表上述两种矿物的溶解均对水样 Ca^{2+} 有贡献;此外,如果水样落在 0 刻度线之下,那么就代表碳酸岩溶解不是水样中 Ca^{2+} 的主要来源。如图 5-1 所示,大部分水样位于 1∶2 和 1∶4 关系线附近或其中间的区域,表明碳酸盐岩溶解仍然是研究区岩溶地下水中 Ca^{2+} 的最主要来源。但同时,也有一部分水样完全落在 0 刻度线之下,表明除碳酸盐岩溶解外,还有额外的钙来源补给地下水。

那么石膏溶解是不是岩溶地下水中 Ca^{2+} 的另一重要来源呢?为此我们希望通过计算得到 SO_4^{2-} 和石膏来源 Ca^{2+} 浓度,再通过比较其相关性来加以判定。如前所述,石膏来源 Ca^{2+} 也可根据方解石和白云石的热力学溶解反应式来计算,石膏来源 Ca^{2+} 等于总 Ca^{2+} 减掉碳酸盐岩溶解来源的 Ca^{2+}(基于碳酸盐岩热力学溶解反应,这一来源 Ca^{2+} 浓度可经 HCO_3^- 浓度计算为 $0.33 HCO_3^-$ mmol/L(Guo et al.,2006),即总 $Ca^{2+} - 0.33 HCO_3^-$(假定方解石和白云石的

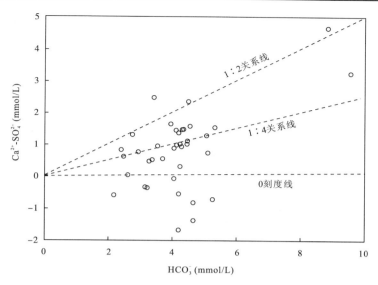

图 5-1　岩溶地下水 HCO_3^- 浓度-非石膏来源 Ca^{2+} 浓度散点图

1：2 关系线代表方解石溶解；1：4 关系线代表白云石溶解；0 刻度线代表碳酸盐岩溶解钙贡献为零，此时负的数值代表非碳酸盐岩溶解来源 Ca 贡献相同）。此时如果水样点落在 1：1 关系线上，那就表明石膏溶解是岩溶地下水中额外的 Ca^{2+} 和 SO_4^{2-} 的主要来源；而如果岩溶水水样落在 1：1 关系线的远上方，则代表岩溶地下水中的钙还有其他来源，相反如果水样点落在远离 1：1 关系线的下方，那么就代表岩溶地下水中的 SO_4^{2-} 还有除石膏溶解外的其他来源。

如图 5-2 所示，相当一部分岩溶地下水水样点落在 1：1 关系线附近，表明石膏溶解是地下水中 Ca^{2+} 和硫酸盐的主要来源之一。此外，个别水样点落在该线的上方，同时还有大量的水样点落在 1：1 关系线下方。这表明，对岩溶地下水来说，还有除石膏溶解外的其他来源来供给其硫酸盐。事实上，研究区大量存在的采煤活动即是岩溶水硫酸盐的主要来源之一。大量产出的高硫酸盐矿坑水，要么在井底直接进入岩溶含水层，要么在开采排出地表后渗漏进入岩溶地下水。

因子 1 中较高的 Mg^{2+} 值说明白云岩的溶解对岩溶水水质形成至关重要。然而，相对于灰岩来说，地下水对白云岩的溶解能力较差。那么是什么原因使得 Mg^{2+} 成为影响该处地下水水质的重要因素之一呢？如前所述，假定岩溶区地下水中的 Mg^{2+} 主要来源于白云岩溶解，那么这些水样点就会落在白云石溶解曲线附近。如图 5-3 所示，其中 1：4 关系线代表白云石溶解曲线。研究区水样中仅有一小部分落在这条曲线附近，而大部分水样均落在 1：4 关系线的上方。这种现象可能有两种情况：①岩溶地下水中有除白云石外其他来源的 Mg^{2+}；②地下水中的 HCO_3^- 在一定情况下从水溶液中被去除了。区域地质情况和野外调查均表明，在研究区除白云岩外，不存在其他数量的巨大 Mg^{2+} 源，因此第一种情况被排除。那么地下水中的 HOC_3^- 又是在何种情况下被移除的呢？

通过绘制研究区岩溶地下水 SO_4^{2-} - Mg^{2+} 浓度散点图（图 5-4），我们发现，地下水中 Mg^{2+} 浓度随硫酸盐浓度升高而缓慢升高，但在硫酸盐浓度大于 5mmol/L 时迅速升高，这说明岩溶水中 Mg^{2+} 浓度的升高和硫酸盐浓度升高具有一定的同步性。通常来说，研究区岩溶水

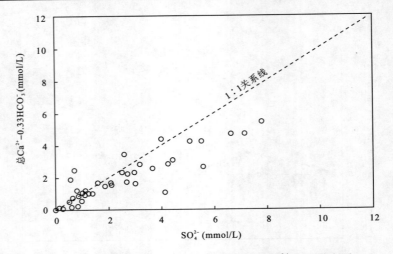

图 5-2 岩溶地下水中 SO_4^{2-}-非碳酸盐岩 Ca^{2+} 浓度散点图

（图中 1∶1 关系线代表石膏溶解）

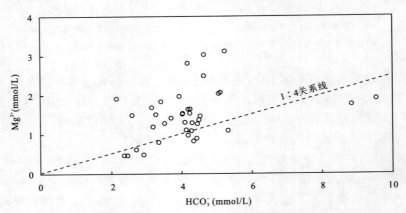

图 5-3 岩溶地下水中 SO_4^{2-}-非碳酸盐 Ca^{2+} 浓度散点图

（图中 1∶4 关系线代表石膏溶解）

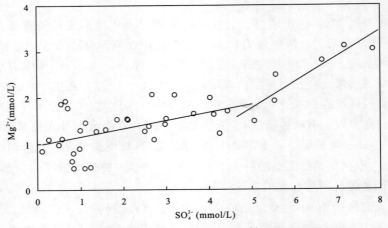

图 5-4 研究区岩溶地下水 SO_4^{2-}-Mg^{2+} 离子浓度散点图

的硫酸盐主要来源于石膏溶解和矿坑水补给,这两种情况下均会有大量的 Ca^{2+} 离子进入岩溶地下水。由于同离子效应,升高的 Ca^{2+} 离子含量又会进一步促进地下水中方解石向饱和/过饱和状态转变,最终导致方解石沿地下水流动过程逐渐沉淀析出,并带走部分 HCO_3^-。这时岩溶水系统中的白云石却依然保持溶解状态,并最终出现高浓度的含 Mg^{2+} 岩溶地下水。

因子 2 主要包含水温、K^+ 离子和氘氧同位素。在这一因子中,水温和氘氧同位素的显著加入,表明这一因子与地表水补给密切相关。在研究区,由于蒸发作用影响,地表水通常具有较地下水更高的水温和氘氧同位值。因此,当地下水受到地表水渗入补给时,地下水的水温和氘氧同位值也会相应地提高。研究区岩溶地下水水样中部分具有较高的水温和氘氧同位值,表明该处岩溶水可能受到了地表水的渗漏补给。

作为因子 2 中各参数的一部分,K^+ 在地下水中的来源主要为长石、云母类矿物水解,以及一些人为污染,如化肥、采矿废水、生活污水等。由于缺乏长石等富 K^+ 类矿物,因此,岩溶区地表水和地下水中 K^+ 的含量一般来说都比较低。研究区径流-汇流区地表水中较高的 K^+ 含量说明地表水受到了人类活动的污染。这些受污染地表水会进一步污染与其存在水力联系的地下水。可见,因子 2 代表了由于人类活动引起的地表水污染,并进而导致岩溶地下水污染这一现象。

因子 3 含量也仅占到全部变量的 10% 左右,主要包括 Cl^- 和 NO_3^- 两参数。上述两指标均以正值出现在因子 3 中,反映了该因子与人类活动密切相关。特别是硝酸盐,其来源更与人类农业活动密不可分。大气沉降是地表水和地下水中硝酸盐的初始来源之一。但研究区降雨中极低的硝酸盐含量表明,大气沉降不是导致该区水体硝酸盐污染的主要来源。此外,研究区主要岩层的地质岩性特点也决定了不可能存在富硝酸盐或富氮地质来源。因此,农业活动过程中氮肥的使用和生活污水中的氮素污染是研究区地下水及地表水中硝酸盐的主要来源。

地下水中氯化物的主要来源包括降雨入渗补给、含氯含水层矿物的溶解或古咸水入侵。研究区降雨中氯化物浓度水平均较低。而在该典型岩溶区范围内,依据补给区裂隙水、孔隙水和岩溶地下水氯化物含量可推知,含氯矿物在该区地层中的含量也是极其低的,不可能是地下水中较高氯化物的主要来源。因此天然氯化物不是该区地表水和地下水中高氯化物含量的来源。而地下水高氯化物含量分布区又与人口密集区相一致。因此,可推断研究区水体中较高的氯化物来源只能是市政生活污水来源。不完善的市政排污系统,或使用年久以后发生渗漏,或者部分生活污水直接排入地表河流,均会成为岩溶地下水氯化物的潜在污染物来源。

上述统计分析研究表明,娘子关泉域内岩溶地下水水质受到人类活动的多方面影响。如何进一步查明研究区岩溶水污染物来源途径,对于预防和治理岩溶水污染具有重要的实际价值。

5.3 岩溶水中污染组分物质来源

自然界不同水体之间存在密切的水力联系,这种水力联系往往表现在水化学特征的相似或相异性上。通过对不同水体离子组分的相关性分析和比较分析,可以在一定程度上判定水体之间的水力联系程度,从而达到判定水中物质来源的目的。

研究区矿坑水具有高 TDS 和中等含量的 K^+,位于图 5-5 左上方。而地表水则以高 K^+

含量和较低的 TDS 而位于右下角。部分岩溶水散落在地表水混合线或矿坑水混合线附近,还有一些散落在两条混合线之间。由此可以推断地表水或矿坑水,甚至二者同时对岩溶地下水的水质发生了影响。图 5-5 右侧一处地表水位于其他地表水之上,具有较高的 TDS 值,表明矿坑排水在一定程度上有可能影响区域地表水水质。而另一处孔隙水也以较高的 TDS 落在矿坑水混合线上,说明在研究区矿坑排水对孔隙水的影响也是可能存在的。

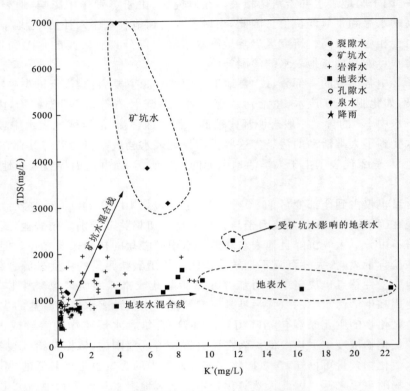

图 5-5 研究区水样 K^+-TDS 散点图

由于矿坑水中的硫酸盐主要来自于黄铁矿氧化,结果在矿坑水中硫酸根的含量通常会高于 Ca^{2+}。因此,如果水体受到矿坑水的影响,那么就会相应地出现上述倾向(图 5-6)。受矿坑水的影响,大部分地表水和小部分岩溶水落在石膏溶解带(由降雨和补给区岩溶水确定,石膏溶解带的截矩代表水中溶解的碳酸盐岩来源 Ca^{2+} 的数量)右侧。这表明,在研究区未经处理或经处理不达标的矿坑水直接排放进入地表水(河流)的现象比较普遍。而地表河流的渗漏补给和矿坑水的越流补给很可能是地下水中污染组分的来源之一。

一般来说,天然水中的 Cl^- 主要来源于盐岩(NaCl)的溶解,所以天然水中的 Na^+ 和 Cl^- 应该呈 1∶1 的线性相关。研究区大部分水样落在 NaCl 溶解线附近,表明盐岩矿物的溶解是补给径流区地下水中 Cl^- 的主要来源。结合图 5-7 中大部分水样落在石膏溶解带内,可见水-岩相互作用是地下水中化学组分的最初物质来源的主要途径。酸性矿坑水较低的 pH 值,更易于溶解除 NaCl 外的含钠矿物,如钠长石等,从而使得矿坑水中 Na^+ 的含量升高,而 Cl^- 的含量则不会发生相同程度的上升。受矿坑水排入或越流补给的影响,大部分地表水和部分岩

§5 区域岩溶水水化学特征

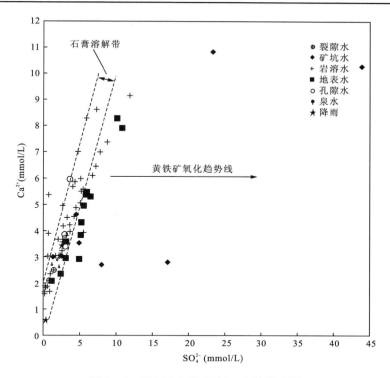

图 5-6 研究区水样 SO_4^{2-}-Ca^{2+} 散点图

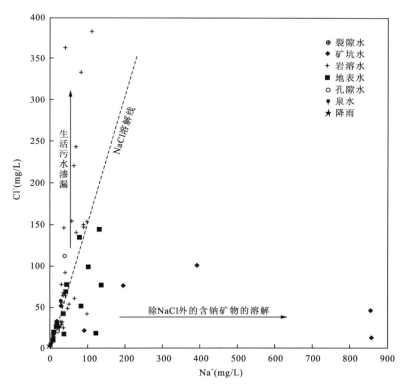

图 5-7 研究区水样 Na^+-Cl^- 散点图

溶水会具有较高的 Na^+ 含量而落在 NaCl 溶解线的右侧(图5-7)。而在研究区,由于裸露的碳酸盐岩区或岩溶区上覆沉积层较薄,使得城市排水管内的城市生活污水在发生渗漏时能够轻易地进入岩溶含水层。受生活污水渗漏的影响,有相当数量的岩溶地下水中 Cl^- 含量出现异常高值。而生活污水或矿坑水进入岩溶地下水和孔隙水的方式还包括地表水渗漏。大量的生活污水或矿坑水排入地表河流后,导致地表河流严重受污染。在地表径流运移或储集过程中,这些污染物还可能以入渗补给的方式进入孔隙水含水层和岩溶含水层(图5-8)。

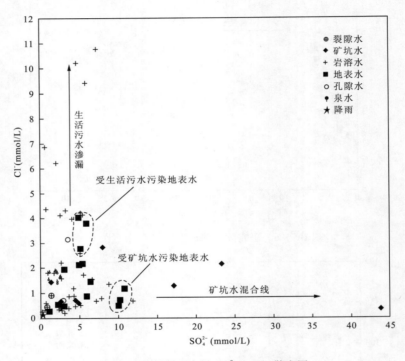

图5-8 研究区水样 SO_4^{2-} - Cl^- 散点图

天然水中硼的含量是非常低的,主要取决于水所赋存的介质中可溶硼盐的数量(Keren 等,1985)。研究区补给区水样的硼含量均较低,部分甚至低于检测限。人类活动引起的硼污染来源:玻璃及陶瓷制造业、制革、纺织品及化妆品的生产、合成显(定)影液、肥料、防冻液中的缓蚀(箭或导弹)、食品与木材防腐剂、润滑剂、电镀、核工业、有机反应的催化等方面。但最主要的用途是将过硼酸钠作为漂白剂添加到洗衣粉、去污粉等清洁用品中,其向环境排放硼的数量占60%~70%(Farid & Atta,1993;Murray,1995)。所以在主要人口居住区,地下水中的高硼含量可以作为判定地下水受生活污水渗漏影响与否的依据之一(Wolfram Kloppmann 等,2009)。研究区部分岩溶水样具有较高的硼含量落在图5-9的左上侧,表明其可能受到了生活污水的渗漏补给。而地表水中却没有相应的较高硼含量的水样出现,说明生活污水对地下水的污染主要是通过地下排污管道发生的。但由于生活污水直接排入地表水,进而下渗补给地下水的现象也是可能存在的。这主要表现在有部分岩溶水和地表水几乎在同一区域,该区域可能接受生活污水和矿坑水的共同补给。

基于以上分析,可以初步判断,研究区地下水中的物质来源主要取决于水-岩相互作用的程度,在地下水运移过程中,部分接受了污水渗漏、地下水下渗补给和矿坑水越流补给的共同作用。为了进一步研究地下水中污染组分的来源,我们将在后续章节进一步对地下水的演化特征加以分析研究。

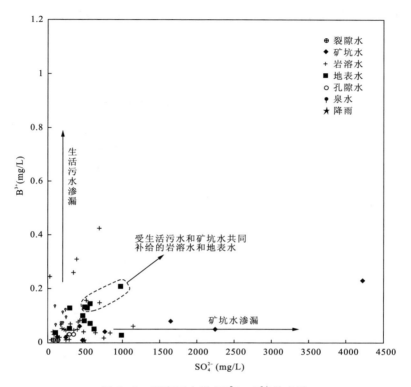

图 5-9 研究区水样 SO_4^{2-} - B^{3+} 散点图

§6 岩溶流动系统及岩溶泉补给来源再认识

地下水流动系统分析以地下水流网为载体,将渗流场、化学场与温度场统一于一个有序的时空结构之中,以求揭示不同部分与不同方面的内在联系(张人权,2002)。正确认识地下水流动系统有助于人们从整体上把握地下水质与量的特征、地下水系统与环境之间的联系。

本次研究以区域水文地质分析为平台,结合地下水等水位线图(图6-1)、典型水文地质

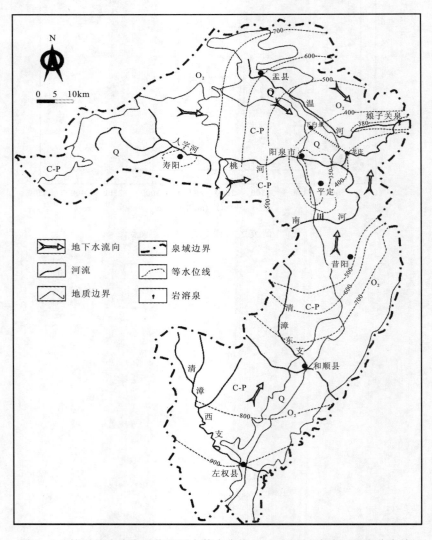

图6-1 娘子关岩溶水系统地下水等水位线(······"人造"岩溶地下水分水岭)

剖面、地下水流动信息数据和水化学-同位素指标,从多种时空角度提取流场和水化学场信息,实现岩溶水系统分区。为了能够全面把握研究区岩溶水系统水动力特征,提取足够信息来构建地下水流动系统,自2006年至今,共在研究区采集岩溶地下水水样样本信息51个,其中泉水水样6个;岩样30余个;钻孔数据58个。收集各类地下水水位资料5000个、水质资料1000余个、涌水量等200余个。测定水样常量水化学指标600余个,微量水化学指标5000余个,同位素数据400余个。

6.1 岩溶水水动力分区

近年来在气候变化和对娘子关岩溶水系统过度开发的共同作用下,娘子关泉群的水动力联系极有可能发生变化。而娘子关泉群作为整个流动系统的主要天然排泄方式,能否正确认识其补给来源对于正确认识地下水系统的水力联系、合理开发利用水资源具有重要意义,因此重新开展对娘子关泉群泉水来源识别是非常有必要的。

前人根据岩溶水系统内岩溶地下水储存和运移特征,认识到研究区岩溶水系统流场总形态为以娘子关泉群为排泄点,呈半辐聚式水动力网。该系统岩溶水具有统一流场和水位,以娘子关泉为排泄基准,可汇集整个岩溶水系统地下径流。全流域可分为补给径流区、径流-汇流区、排泄区和滞流区四个水动力区(周仰效,1987;孙连发等,1997)。但随着近年来全球气候变化日益加剧、人类活动对地下水开发程度的不断提高,作为区域主要供水水源的娘子关岩溶水系统,其地下水水动力场是否也相应地发生了一些改变呢?如果有,又是什么样的变化呢?为此,在系统地收集整理岩溶水系统地下水水位资料的基础上,绘制得到研究区岩溶地下水等水位线图。

由南-北水文地质剖面(附图1)可知,岩溶水水位在平定—阳泉一带最低,可见岩溶地下水在流向上为由南(左权)北(盂县)向中间(平定—阳泉)汇集的趋势。由东-西水文地质剖面(附图2)来看,岩溶水水位呈现西高、东—中低的特点,在阳泉和娘子关泉露头区域分别出现两个低点。以上现象说明,从总体上来看,娘子关岩溶水系统的地下水径流关系为由西部、南部、北部向中西部(阳泉—娘子关泉)汇集。从地下水等水位线图来看,在岩溶水系统南北两个补给径流区,地下水水力坡度较陡,其值在7.6‰~9‰范围内波动。径流-汇流区地下水水力坡度相对而言变缓,其值在0.3‰~1‰范围内波动。而作为排泄区的娘子关泉群出露区域的水力坡度却较汇流区为高,其值约为3.5‰。地下水流呈扇状向中部汇集。由此可见,娘子关泉群作为研究区地下水总排泄点的特点并没有改变。但有所不同的是,由于对地下水的过度开采,在阳泉—平定一线形成了一个三角形的岩溶地下水降落漏斗。这表明在人类过度开采岩溶地下水后,娘子关岩溶水系统的地下水天然流场已经被破坏。依照前人的分区,该降落漏斗恰好处于区域地下水径流-汇流线上,且面积为数不小。那么这一岩溶地下水降落漏斗对研究区地下水的汇流和排泄会造成什么影响呢?此外,在寿阳县城周围也形成了岩溶地下水降落漏斗。由于该处地下水降落漏斗面积较小,且处于补给-径流区,对整个岩溶地下水流场影响微弱,因此此处不做详细讨论。

资料显示,在阳泉市—平定县一线形成的岩溶水降落漏斗水位标高仅有350m,因此从水文地质剖面上来看,该降落漏斗已经揭穿O_2f含水层,进入了O_2s含水层。这就意味着,位于其西部、南部和北部的石炭二叠系裂隙水、$O_2 f$ 和 $O_2 s$ 岩溶水首先需要部分或全部补给这一漏斗区,而后才有可能继续沿中部径流-汇流区向下运移。事实上,由于该岩溶水漏斗的存在,位于其东部的岩溶地下水很有可能舍远求近而出现逆流经倒流补给漏斗区的现象,那么这种现象有没有发生呢?最新的野外调查和地下水水位监测数据给了我们明确的答案。在位于阳泉市以东的下白泉—龙庄附近(图中虚线)已经逐渐出现了一条水丘,该水丘已经成为了一段"人造"的岩溶地下水分水岭。虽然我们无法在下白泉以北和龙庄以南寻找到与之相连的岩溶地下水分水岭及其最终消失的边界。但上述分析已经表明,研究区西部石炭二叠系裂隙水、$O_2 f$ 及 $O_2 s$ 岩溶水以及南北补给-径流区的裂隙水和岩溶水汇流补给该岩溶地下水漏斗已成为不争的事实。据此,我们依地下水排泄特征,将研究区岩溶地下水系统划分为两个子区域,即西部的岩溶水降落漏斗子系统(简称漏斗区子系统)和东部的岩溶泉子系统(以上分区仅代表名称,并不代表西部的地下水与东部的地下水是完全独立的两个系统)。由于岩溶水系统地下水存在着多含水层共同供水的现象,因此西部的深层岩溶水完全可能在顶托补给漏斗区子系统的同时沿径流带运移补给岩溶泉子系统。那么是否存在这种现象呢,又是如何发生的呢?这就涉及到地下水系统的空间分布特征。由于在研究区地下水观测孔数量的有限性,以及地下水流动系统的复杂性,单纯依据地下水流场分析已经很难实现这个目标。为此,我们希望通过研究区水体稳定同位素示踪的方法来获取更多水动力学信息。

6.2 补-径-排水体环境稳定同位素特征

将研究区水体依补-径-排(泉水)和赋存特征分类进行样品采集、测试工作,获得不同水样类型 δD、$\delta^{18}O$ 和 $^{87}Sr/^{86}Sr$ 稳定同位素值表(图 6-2~图 6-4,表 6-1)。由表 6-1 可知,研究区补给区岩溶水的 $\delta^{18}O$ 变化在 $-9.93‰ \sim -6.80‰$,δD 变化在 $-69.0‰ \sim -50.2‰$,$^{87}Sr/^{86}Sr$ 比值变化在 0.709 388~0.713 189 之间,平均值分别为 $-9.09‰$、$-64.12‰$ 和 0.710 966 2。径流区岩溶地下水(含降落漏斗区)$\delta^{18}O$ 变化在 $-9.42‰ \sim -6.58‰$,δD 变化在 $-66.3‰ \sim -54.1‰$,$^{87}Sr/^{86}Sr$ 比值变化在 0.709 470~0.713 991 之间,平均值分别为 $-8.46‰$、$-60.97‰$ 和 0.710 856 1。岩溶泉泉水 $\delta^{18}O$ 变化在 $-9.67‰ \sim -8.96‰$,δD 变化在 $-70.5‰ \sim -66.00‰$,$^{87}Sr/^{86}Sr$ 比值变化在 0.709 883~0.713 208 之间,平均值分别为 $-9.414‰$、$-67.84‰$ 和 0.710 744 6。两个裂隙水的 $\delta^{18}O$、δD 和 $^{87}Sr/^{86}Sr$ 分别为 $-8.98‰$ 和 $-8.75‰$、$-65.80‰$ 和 $-61.30‰$、0.710 594 和 0.709 509。地表水 $\delta^{18}O$ 变化在 $-8.89‰ \sim -6.39‰$,δD 变化在 $-65.3‰ \sim -51.10‰$,$^{87}Sr/^{86}Sr$ 比值变化在 0.710 232~0.711 079 之间,平均值分别为 $-7.56‰$、$-57.71‰$ 和 0.710 691。矿坑水 $\delta^{18}O$ 变化在 $-9.25‰ \sim -8.15‰$,δD 变化在 $-65.2‰ \sim -57.6‰$,$^{87}Sr/^{86}Sr$ 比值变化在 0.708 320~0.711 578 之间,平均值分别为 $-8.63‰$、$-60.87‰$ 和 0.709 642。

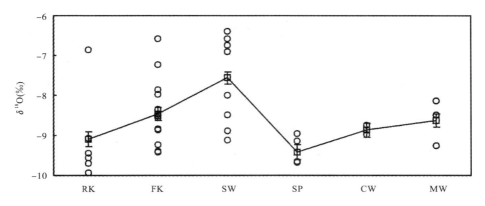

图 6-2　研究区不同类型水样 $\delta^{18}O$ 散点图

实线为均值连线,RK.补给区岩溶水;FK.径流区岩溶水;SW.地表水;SP.岩溶泉;CW.裂隙水;MW.矿坑水

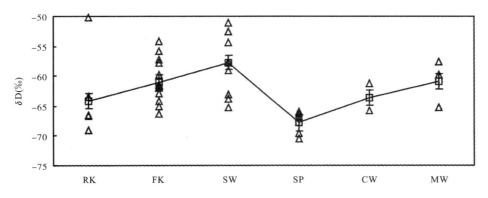

图 6-3　研究区不同类型水样 δD 散点图

实线为均值连线,RK.补给区岩溶水;FK.径流区岩溶水;SW.地表水;SP.岩溶泉;CW.裂隙水;MW.矿坑水

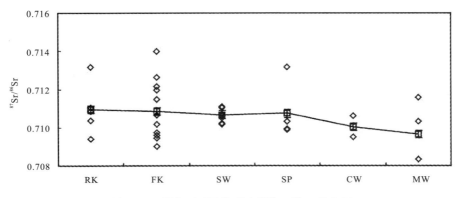

图 6-4　研究区不同类型水样 $^{87}Sr/^{86}Sr$ 散点图

实线为均值连线,RK.补给区岩溶水;FK.径流区岩溶水;SW.地表水;SP.岩溶泉;CW.裂隙水;MW.矿坑水

表 6-1 研究区水样 $\delta^{18}O$、δD 和 $^{87}Sr/^{86}Sr$ 值表

水样类型	水样编号	$\delta^{18}O$(‰)	δD(‰)	$^{87}Sr/^{86}Sr$
补给区岩溶地下水	2	−9.93	−69	0.710 849
	4	−9.45	−66.4	0.709 388
	12	−6.85	−50.2	0.713 189
	24	−9.08	−63.4	—
	26	−9.55	−69	0.710 365
	27	−9.69	−66.7	0.711 04
矿坑污水	20	−8.15	−57.6	0.708 32
	22	−9.25	−65.2	0.711 578
	23	−8.48	−59.8	0.710 351
	39	−9.25	−65.2	—
	40	−8.48	−59.8	—
	41	−8.15	−57.6	0.708 32
地表水	6	−6.39	−59.1	0.710 673
	8	−8	−57.6	0.711 046
	9	−6.91	−52.6	0.711 079
	11	−8.89	−63	0.7107
	14	−6.74	−54.4	0.710 53
	25	−8.48	−63.7	—
	33	−9.12	−65.3	0.710 186
	36	−6.91	−52.6	0.711 079
	38	−6.59	−51.1	0.710 232
岩溶泉	29	−9.14	−66.3	0.709 947
	30	−9.65	−69.6	0.710 338
	31	−9.65	−70.5	0.710 347
	32	−9.67	−66.8	0.713 208
	34	−8.96	−66	0.709 883
裂隙水	3	−8.98	−65.8	0.710 594
	21	−8.75	−61.3	0.709 509

续表 6-1

水样类型	水样编号	$\delta^{18}O(‰)$	$\delta D(‰)$	$^{87}Sr/^{86}Sr$
径流-汇流区岩溶地下水	1	−8.55	−61.8	0.709 769
	5	−7.24	−54.1	0.711 96
	7	−7.98	−55.8	0.712 181
	10	−8.35	−57.2	0.712 675
	13	−8.35	−61.7	0.710 187
	15	−9.42	−66.3	0.710 646
	16	−9.39	−64.2	0.709 599
	17	−8.56	−61.8	0.713 991
	18	−8.52	−61.4	0.711 497
	19	−8.83	−61.9	0.709 47
	28	−7.86	−57.8	0.710 684
	35	−8.87	−65.1	0.709
	37	−6.58	−59.8	—
	42	−8.83	−61.9	0.709 47
	43	−8.83	−61.9	—
	44	−9.23	−62.8	

根据上述统计分析,研究区补给区岩溶水和岩溶泉具有较低 $\delta^{18}O$ 值,剔除其中的一个异常点外,其余补给区岩溶水的 $\delta^{18}O$ 值均较低。其次是裂隙水和矿坑水。径流区岩溶水的均值是地下水中最高的,表明其补给水源具有多样性。地表水的 $\delta^{18}O$ 值是所有水样中最高的,说明在蒸发作用下,大部分地表水发生了比较明显的氧同位素分馏现象。研究区水样 δD 值分布和 $\delta^{18}O$ 值非常相似,总体呈岩溶泉<补给区岩溶水<裂隙水<径流区岩溶水<矿坑水<地表水,说明 $\delta^{18}O$ 和 δD 的变化基本上趋于同步。

研究区水样 $^{87}Sr/^{86}Sr$ 比值呈现补给区岩溶水、径流区岩溶水、地表水、岩溶泉、裂隙水和矿坑水依次递减的现象。岩溶水和岩溶泉水样 $^{87}Sr/^{86}Sr$ 比值的分布范围比较宽,说明其来源水的多样性和复杂性。尤其是岩溶泉 $^{87}Sr/^{86}Sr$ 比值的差异较大,提示我们研究区岩溶泉的补给具有多种来源。这也说明了,如果岩溶泉主要是由地下水补给的话,那么这些地下水就是由不同的流动系统补给的,即地下水流动系统在平面和垂向上具有分层嵌套性。

结合岩溶水系统水文地质条件来看,在研究区地下水的分层嵌套性还是具有其现实条件的。首先,由于下奥陶统大部分深埋于 O_2x 之下,岩溶裂隙不发育,径流缓慢,因此与中奥陶统的水力联系微弱,但其在构造断裂破碎带处岩溶较发育,完全可能成为相对独立的含水层。在研究区的水文地质工程实践中也有将下奥陶统含水层作为供水源的先例。其次,中奥陶统峰峰组、上-下马家沟组从上而下,岩性特征为石灰岩—角砾状石灰岩—角砾状泥灰岩或泥灰岩。每组下段含石膏泥灰岩或角砾状泥灰岩,岩石软塑,发育蜂窝状溶孔但不连通,形成相对弱透水层。上覆灰岩由于石膏溶解时的膨胀挤压,岩石破碎,形成角砾状石灰岩,岩溶发育成为主要含水层位。由于泥质的隔水作用,使岩溶水具有分层性及承压性。因此在中奥陶统也具有岩溶水相对分层的条件。最后,由于下奥陶统底部相对弱透水,使得深层寒武纪$\in_3$及$\in_2$岩溶水得以相对独立的形态运移,但在岩溶水系统天然排泄区由于下奥陶统溶蚀作用强烈,为深层岩溶水的顶托排泄提供了条件,因此深部寒武纪岩溶水也会以独立含水层,集中排汇的形式出现。由于岩溶水系统目前供水主要以中奥陶世岩溶水开采为主,因此即使在有岩溶地下水降落漏斗存在的情况下,地下水流场的变化也不会对下奥陶世和寒武纪岩溶水产生太大的影响。二者仍然以其天然存在状态演化。

6.3 岩溶泉补给来源分析

环境同位素技术作为一种新兴的技术手段,在地下水研究领域得到了广泛的应用和发展。目前应用环境同位素技术研究地下水主要集中于地下水的补给来源、运移途径、物质交换等研究。氢氧同位素作为非常成熟的同位素技术之一,通常被用来研究地下水的补给来源和水量交换。研究区补给区岩溶水大部分散落于全球降水线($\delta D = 8\delta^{18}O + 10$)附近,表明其主要来源于大气降水补给(图6-5)。小部分径流区岩溶水偏离于全球降雨线右下侧,且与地表水呈现

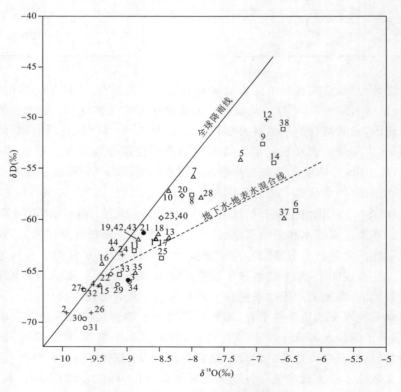

图6-5 研究区水样 δD-$\delta^{18}O$ 散点图
+.补给区岩溶水;△.径流区岩溶水;○.岩溶泉;●.裂隙水;□.地表水;◇.矿坑水

非常接近的态势,说明该处岩溶水有可能受到地表水入渗补给。

娘子关泉群各泉点的 δD、$\delta^{18}O$ 同位素组成有显著的差异,相对较散地分布在散点图(图 6-2、图 6-3)左下方。其中坡底泉(34 号)和城西泉(29 号)的位置比较近,落在全球降雨线的下方中段;五龙泉(30 号)和苇泽关泉(31 号)落在了全球降雨线的下方最下端;程家泉(井,28 号)和水帘洞泉(32 号)则显得比较分散。其中程家泉(井,28 号)远远地落在了补给区岩溶水的上方和径流-汇流区岩溶水完全地混落在了一起;水帘洞泉(32 号)则孤立地落在全球降雨线上方中下段。岩溶泉水的这种分布说明,泉群中各泉水在来源上可能有多种来源水或其中部分来源水的混合补给。由 δD-$\delta^{18}O$ 散点图,依据 δD 和 $\delta^{18}O$ 的相异性,倾向于将泉群划分为四个群组:程家泉、坡底-城西泉组、五龙-苇泽关泉组、水帘洞泉。那么这种分类方法是否合理呢?是否每一个群组都是由相同的来源水补给呢?或者是由其中的某些来源水共同补给的呢?要阐述这些问题,需要更多的水化学、环境同位素或者其他的证据。

当地下水流经某特定矿物组成的含水层时,含水层介质会发生溶解作用而使进入水中的溶解性 Sr 具有与该矿物相近的 $^{87}Sr/^{86}Sr$ 比值,从而使得我们可以通过监测地下水中的 Sr 同位素比值来判定地下水可能流经的区域(Faure,1986;Bullen,1996)。同时,由于水中的锶同位素组成在地下水演化的时间尺度内,不会由于衰变而发生变化,也不会由于溶解或沉淀而从水中分离出来引起地下水 $^{87}Sr/^{86}Sr$ 比值变化。所以,我们希望通过锶同位素分析来加深对这一问题的认识。

与图 6-5 中的分布相似,岩溶泉中,坡底泉(34 号)和城西泉(29 号)的位置比较接近,但其 $^{87}Sr/^{86}Sr$ 和 $\delta^{18}O$ 值仍然存在一定的差异(图 6-6)。而五龙泉(30 号)和苇泽关泉(31 号)则完全重叠到了一起。程家泉(井,28 号)远远地落在地表水和岩溶水水样之间。水帘洞泉(32 号)则孤立地落在全球降雨线之上。水帘洞泉(32 号)则更是以其最高的 $^{87}Sr/^{86}Sr$ 比值(岩溶泉中)而远远地落在了散点图的左上角。岩溶泉锶同位素比值的差异进一步证实了泉群中各泉水的补给来源具有多样性,但分属于四个群组中的泉水之间存在水力联系的可能性还不能排除。

至此,可以确定泉群的补给存在多种来源水补给现象或混合补给现象。首先,在图 6-5、图 6-6 和图 6-7 中,程家泉(井)均位于地表水水样附近或完全落入地表水水样中间,说明程家泉(井)有可能受到了地表水渗漏的影响。由于受采矿排水的影响,研究区地表水普遍具有较高的硫酸盐含量(李纯纪,2004;王焰新,2009)。因此,如果程家泉(井)受到了地表水的渗漏补给,那么该处岩溶水应该具有较高的硫酸盐含量。而图 6-8 也似乎恰好证明了这一点,程家泉(井)水样以其较高的硫酸盐含量及接近地表水的 $^{87}Sr/^{86}Sr$ 比值落在岩溶水和地表水水样之间。可见程家泉(井)接受地表水入渗补给的结论是符合推断的,这与王焰新等(1997)的研究结论是一致的。同时由以上分析还可以获得认识,由于程家泉(井)在散点图(图 6-5、图 6-6、图 6-7、图 6-8)中远离于其他岩溶水样,它的补给水可能大部分来源于上游径流-汇流区岩溶水和地表水的混合补给,而其接受局部流动系统的补给微弱,以致于在同位素特征上得不到很好的体现。

由水样 δD-$\delta^{18}O$ 散点图,五龙泉、苇泽关泉和水帘洞泉均处于左下角,其值均较负,因此不存在地表水补给的可能性。而坡底泉、城西泉和部分岩溶地下水水样聚集在一起,其接受地表水补给的可能性较大。为了进一步确认以上分析判断,在水样 $^{87}Sr/^{86}Sr$-$\delta^{18}O$ 和 $^{87}Sr/^{86}Sr$-δD 散点图中,沿 $\delta^{18}O/\delta D$ 增加方向,定义在补给区岩溶水消失的位置开始至径流-汇流区岩溶

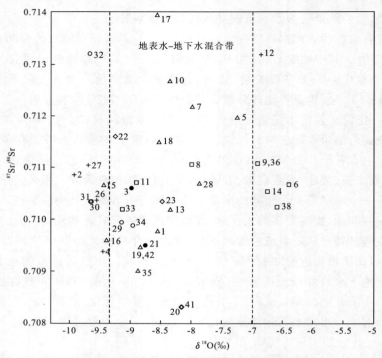

图 6-6 研究区水样 $^{87}Sr/^{86}Sr-\delta^{18}O$ 散点图

+.补给区岩溶水；△.径流区岩溶水；○.岩溶泉；●.裂隙水；□.地表水；◇.矿坑水

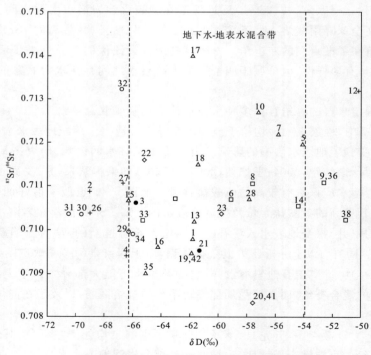

图 6-7 研究区水样 $^{87}Sr/^{86}Sr-\delta D$ 散点图

+.补给区岩溶水；△.径流区岩溶水；○.岩溶泉；●.裂隙水；□.地表水；◇.矿坑水

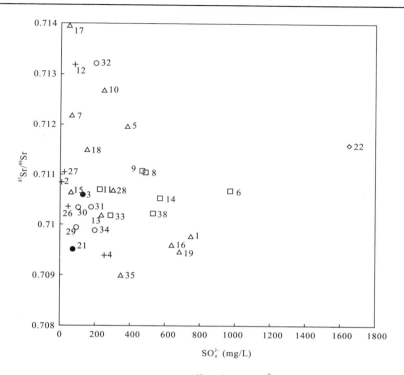

图 6-8 研究区水样 $^{87}Sr/^{86}Sr - SO_4^{2-}$ 散点图

十．补给区岩溶水；△．径流区岩溶水；○．岩溶泉；●．裂隙水；□．地表水；◇．矿坑水

水消失为止的区域为可能的地表水-地下水混合带。也就是说在此区域里既可能有地下水出露排泄补给地表水，也可能有地表水渗漏补给地下水。五龙泉、苇泽关泉和水帘洞泉远远地落在混合带以左区域，而坡底泉和城西泉则紧紧地分布在混合带左侧边线附近。这也证明了在五龙泉、苇泽关泉和水帘洞泉的补给中，地表水入渗补给是不可能的或其入渗补给的影响极其微弱，可以不予考虑；而对于坡底和城西两泉来说，有可能存在地表水入渗补给，但其中坡底泉受地表水影响的程度似乎较城西泉为大。基于以上分析，在下面的讨论中，将不讨论地表水入渗对五龙泉、苇泽关泉和水帘洞泉的影响。

　　同位素组成的相似性使得我们相信，五龙泉和苇泽关泉极有可能存在密切的水力联系甚至可能存在由同一补给源补给的现象。根据稳定同位素理论及分馏效应（高度效应、温度效应和蒸发效应）可用来区分地下水形成的来源。高度效应通常造成低海拔地区大气降水中 ^{18}O、D 的含量往往较高，而周围高海拔的山区大气降水补给形成的地下水则 ^{18}O、D 的含量往往偏低（万军伟等，2003）。同一补给来源的地下水通常具有相似的 ^{18}O、D 值。在水样 $\delta D - \delta^{18}O$ 散点图中，二者的 δD 和 $\delta^{18}O$ 值均非常负，说明其主要接受来自补给高程较高的山区降雨的补给。而与其具有相似 δD 和 $\delta^{18}O$ 同位素特征的水样为 26 号水样，为补给区深层岩溶地下水水样。26 号水样取自盂县自来水厂水井，井深 680m，结合区域水文地质剖面图和钻孔资料可知该井已揭穿进入了 O_1 含水层（附图 1、附图 2）。相似的 ^{18}O、D 特征说明五龙泉和苇泽关泉极有可能是由来自 O_1 含水层的深层岩溶水补给。此外，同样来自于该补给区的石炭系裂隙水 3 号水样（井深 200m）和中奥陶统岩溶水 4 号水样（取自南娄集团，井深 600m）则位于相对比较高的位置和径流区岩溶水水样散落在一起（3 号水样取水井由于其上覆有第四系沉积物，因此

200m 的深度仅能取得石炭系含水层的基岩裂隙水;4 号水样取水井尽管井深 600m,同样由于第四系的存在也仅能揭穿 O_2 含水层)。这种同一区域不同含水层水样 δD 和 $\delta^{18}O$ 值上的差异也从另一个侧面证明了五龙泉和苇泽关泉接受中奥陶统岩溶水补给的可能性比较低,很可能来自 O_1 含水层的补给。

假定五龙泉和苇泽关泉完全由来自 O_1 含水层的岩溶水补给,那么它们就应该具有和 O_1 含水层岩溶水一致或基本一致的 $^{87}Sr/^{86}Sr$ 组成。事实是不是这个样子呢?在图 6-6 和图 6-7 中,五龙泉、苇泽关泉和采集自 O_1 含水层的 26 号水样点比较集中地分布在一起。而同样取自该区域 O_2 含水层的 4 号水样点却以较低的 $^{87}Sr/^{86}Sr$ 比值、较高的硫酸盐含量和 δD 值而落在散点图(图 6-6、图 6-7、图 6-8)中远离五龙泉和苇泽关泉水样点的下方。可见,来自 O_2 含水层的岩溶水无论是在 δD 和 $\delta^{18}O$ 值、$^{87}Sr/^{86}Sr$ 比值还是硫酸盐含量上均与 O_1 含水层岩溶水、五龙泉和苇泽关泉存在较大差异,因此也不可能成为五龙泉和苇泽关泉的主要补给来源水。至此,可以确定五龙泉和苇泽关泉主要由 O_1 含水层补给,但也不排除来自其他含水层微量补给的可能性。这一研究结果与前人的研究在一定程度上是一致的,苇泽关泉可能主要由来自 O_1 含水层的岩溶水补给(李义连,1999)。但是在研究广泛分布着 O_1 含水层,那么五龙泉和苇泽关泉到底是由局部流动系统来补给呢,还是由区域流动系统补给呢?王焰新等(1997)研究认为,苇泽关泉和五龙泉泉水主要由区域流动系统的远程补给和中间流动系统补给共同供给。但是在经历了十几年的人为活动扰动以后,有没有出现新的变化呢?

研究区 2001—2005 年期间月降雨量变化,呈现较为明显的周期性波动(图 6-9),且在大部分时段降雨量月际变化平滑,不存在大量的剧烈波动现象。因此如果岩溶泉主要接受区域流动系统的补给,那么作为对降雨补给的响应,泉流量长期动态也会具有较为明显的周期性,且月际变化也应该相对平滑。2001—2005 年间,降雨量以 2003 年最大(587.2mm),2001 年最小(342.3mm)。

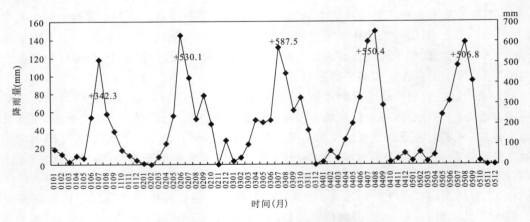

图 6-9 研究区 2001—2005 年月降雨量动态图
+. 2001—2005 年年降雨量,以右轴计

从苇泽关泉月流量动态来看(图 6-10),月际波动频率比较高,但其波动范围比较窄。说明其对降雨变化的敏感度比较高,也即对单次降雨的响应度比较高。其较窄的波动范围说明其补给面积和补给途径均比较稳定,受环境因素干扰程度低。但从泉流量长期变化来看,不具

有与降雨量相匹配的明显的周期性特征,因此其补给范围不可能来自区域流动系统,而其较为稳定的泉流量也说明其补给来源具有非局部性的特点。基于以上分析,认为苇泽关泉主要由来自中间和局部流动系统的来源水补给。

与苇泽关泉相比而言,五龙泉的月流量变化相对比较平滑,体现了其对大气降水周期性变化的响应度较苇泽关泉高,因此比较而言,后者接受区域流动系统补给的程度要高于前者。但其月际波动在一定程度上也是存在的,说明尚存在局部流动系统来源的短流径、短历时岩溶水的补给。同时五龙泉相对较低的稳定系数(最小流量/最大流量,0.65),表明其补给来源存在多种形式或补给面积、补给途径不稳定。而其逐渐减小的泉流量也表明,该泉的补给在近年来受到了地下水过度开采的影响,尤其是在苇泽关泉和城西泉流量均上升的情况下,其流量却呈下降态势。因此可以初步判定,五龙泉由区域流动系统和局部流动系统共同补给,但在人类活

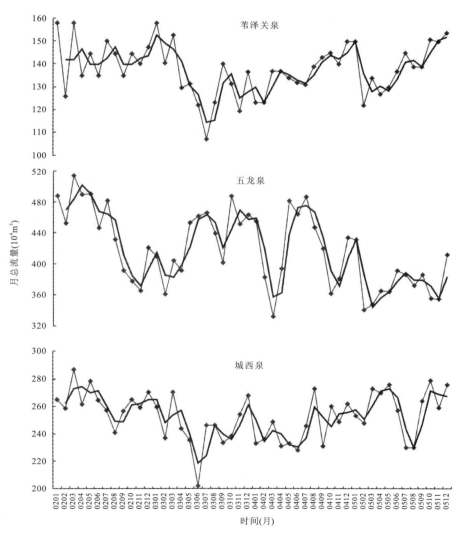

图 6-10 2002—2005 年岩溶泉月径流量动态图

◆.实测流量；——.移动平均线

动的影响下,区域流动系统的补给源、补给面积和补给途径的不确定性增加,导致泉流量不能维持正常水平。

从泉流量上来看,五龙泉流量是苇泽关泉的3倍左右(图6-10)。在前述认识的基础上,由于五龙泉和苇泽关泉均主要由 O_1 含水层补给,那么如此大的流量差异很有可能是由于补给面积的不同而造成的。如果以此为判定依据的话,可以假定认为五龙泉的补给面积是苇泽关泉的3倍左右。

水帘洞泉(32号样点)作为唯一一个几乎完全落在全球降雨线上的泉水水样点(图6-5),表明其补给来源主要为降雨补给。而其较负的 δD 和 $\delta^{18}O$ 值也标示着它主要来源于深层岩溶水,并且补给高程相对来说比较高,和其一起坐落的补给区岩溶水有4号和27号水样。4号水样点取自补给区盂县南娄集团岩溶深井,主要含水层为 $O_2 x$ 含水层。27号水样为寒武系岩溶泉水,由于在泉水出露过程中会受到蒸发作用,因此仅供参考。结合前面的分析,该泉的主要补给来源不可能是 O_1 和寒武系岩溶水,因此只能是来自中奥陶统含水层。中奥陶统含水系统是研究区最大的岩溶水补储空间。其中又可以分为 $O_2 f$、$O_2 s$ 和 $O_2 x$ 三组六段,每组的上段均为良好的含水层或透水层,而下段则为弱透水层。如果水帘洞泉的主要补给来源为来自桃河和绵河的岩溶地下水,那么它必然在 δD 和 $\delta^{18}O$ 值上具有一定的漂移,而向地表水水样方向偏移,从而远离全球降水线。这是由于来自上述两条河流所在区域的岩溶地下水普遍受到了地下水渗漏的影响(李义连,2000)。然而,正如前所述,水帘洞泉水样却落在全球降雨线附近,因此排除了这种可能性。由以上分析可知,水帘洞泉只能由来自岩溶水系统东部的岩溶裸露区的岩溶水补给。基于以上认识,结合研究区水样 $^{87}Sr/^{86}Sr-\delta^{18}O$ 和 $^{87}Sr/^{86}Sr-\delta D$ 散点图,发现该泉水样以异常高的 $^{87}Sr/^{86}Sr$ 值坐落在两图的左上角。显然,如此高的 $^{87}Sr/^{86}Sr$ 值几乎是岩溶水系统内其他水样所不能补给的。那么是什么样的地下水为该泉提供补给呢?由于地下水在运移过程中会与其所赋存的含水层介质发生水-岩相互作用,从而在一定程度上保留有其所运移岩层的锶同位素组成。因此,测定不同岩性岩样锶同位素组成特征(图6-11,表6-2)成为认识这一现象的另一种手段。

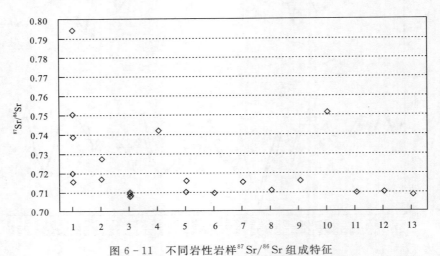

图6-11 不同岩性岩样 $^{87}Sr/^{86}Sr$ 组成特征

1~13分别代表页岩、砂岩、灰岩、碳质页岩、泥灰、结晶灰岩、角砾状泥灰岩、石膏、泥岩、变质岩、白云岩、鲕状灰岩、黄铁矿

表 6-2 不同岩性岩样 $^{87}Sr/^{86}Sr$ 值

岩性	页岩	砂岩	灰岩	碳质页岩	结晶灰岩	角砾状泥灰岩	石膏	泥岩	变质岩	白云岩	鲕状灰岩	黄铁矿
$^{87}Sr/^{86}Sr$	0.738 47	0.716 79	0.709 22	0.742 23	0.709 28	0.714 87	0.710 13	0.715 84	0.751 38	0.709 14	0.709 96	0.708 46
	0.750 37	0.726 88	0.709 94			0.714 53	0.710 67					
	0.715 16		0.708 02									
	0.793 86		0.707 37									
	0.719 50		0.708 40									
			0.709 52									
			0.709 06									

测定所需的岩样大部分由一处新鲜开采的钻孔采集外,部分由岩层露头处采集得到。岩样锶同位素值见表 6-2。岩样中,页岩 $^{87}Sr/^{86}Sr$ 比值介于 0.715 16～0.793 86 之间,灰岩介于 0.707 37～0.709 94 之间,两处砂岩分别为 0.716 79 和 0.726 88,角砾状泥灰岩为 0.714 53 和 0.714 87,石膏为 0.710 67 和 0.710 13,碳质页岩、泥岩、变质岩、白云岩、鲕状灰岩和黄铁矿分别为 0.742 23、0.709 28、0.715 84、0.715 39、0.709 14、0.709 96 和 0.708 46。上述岩样中 $^{87}Sr/^{86}Sr$ 比值最高的出现在页岩中,最低的出现在灰岩中。

从研究区岩样锶同位素组成看(图 6-11,表 6-2),与水帘洞泉锶同位素值(0.713 21)接近的岩样有角砾状泥灰岩(0.714 87 和 0.714 53)、泥岩(0.715 840)、泥灰岩(0.715 796)、砂岩(0.715 16)和页岩(0.715 16)。显然,在岩溶水系统东部的岩溶裸露区,是不可能出现砂岩和页岩的。而泥岩和泥灰岩由于不具有导水性也不可能成为含水层介质。那么可能造成岩溶水锶同位素值较其他岩溶水高的唯一岩性就只有角砾状泥灰岩了。但是,实际上角砾状泥灰岩本身也不具有储存和运输地下水的能力,那么地下水又是如何大量地与这样的岩层发生水-岩相互作用呢?野外调查为我们提供了这样一种现象存在的可能性:大量的钻孔资料显示,在岩溶水系统范围内,广泛地存在着多层岩溶裂隙-溶洞层。在这些裂隙-溶洞层内填充了大量的角砾状泥灰岩和膏溶角砾岩,裂隙溶洞较大,涌水量大。这些调查资料有理由使我们相信,在长期的岩溶侵蚀作用下,使得岩溶水系统内形成了一种以裂隙-溶洞为运移通道的"优势流"。这些"优势流"一方面从相邻含水层获得水量,另一方面又将降雨补给以岩溶裂隙-管道流的形式迅速向岩溶水系统排泄区流动。在此过程中,岩溶水通过与这种混合介质的作用而获得了不同与碳酸盐岩含水层的锶同位素比值。而水帘洞泉 $^{87}Sr/^{86}Sr$ 值低于角砾状泥灰岩的现象,也说明在岩溶地下水"优势流"运移的过程中不断有低 $^{87}Sr/^{86}Sr$ 值的岩溶水加入,从而在一定程度上稀释了"优势流"的锶同位素比值。鉴于岩溶水系统东部南北岩溶裸露区出露岩层为上马家沟组,而水帘洞泉的补给来源水应不受蒸发作用的影响,所以判断水帘洞泉主要由运移于 O_2x 含水层中的岩溶"优势流"补给。此外,水帘洞泉的流量动态特征似乎也为这种分析结果做了一个良好的标注。由于其补给来源为岩溶"优势流"补给,因此水帘洞泉流量动态极其不稳定,在主要降雨滞后集中补给时流量极大,一旦进入枯水期后,就很容易失去补给来源而迅速衰减甚至断流,为一间歇性局部流动系统发育的岩溶泉。

如前所述,研究区地表水硫酸盐含量普遍较高,如果坡底泉和城西泉均接受地表水和径流

-汇流区岩溶地下水的共同补给,那么它们会拥有较高的硫酸盐含量而落在图6-8中补给区和地表水水样之间。而实际情况是,坡底泉因具有相对较高的硫酸盐含量,而落在所有岩溶泉的右侧,但城西泉则以较低的硫酸盐含量而落在所有岩溶泉的左侧。那么是什么原因导致了这两个同位素特征非常相似的岩溶泉之间的水化学特征差异呢?

从研究区水样钻孔来看,径流-汇流区岩溶水已经揭穿了O_2x含水层。由于阳泉—巨城一线为主要的岩溶地下水汇流区,加以人类活动的干扰,该处岩溶地下水已经很难具有分层性,为混合补给。因此在分析岩溶地下水流动途径时可以作为一个含水层来对待。对于坡底和城西两泉来说,在图6-5中,二者和径流区岩溶水水样点混合排列。完全落在其他几个泉水水样之上,但又落在补给区岩溶水、径流-汇流区岩溶水和地表水水样之间,表明其可能受到低δD和$\delta^{18}O$值、高δD和$\delta^{18}O$值岩溶水的共同补给。而在图6-6和图6-7中,两者也均处于补给区水样、径流-汇流区和地表水水样之间,这也说明二者可能接受了来自补给区(局部流动系统)、径流-汇流区(区域流动系统)和地表水的共同补给。但比较而言,坡底泉以其较高的δD和$\delta^{18}O$值,似乎接受了更多的高δD和$\delta^{18}O$值的径流-汇流区岩溶水及地表水的补给。从图6-6、图6-7、图6-8和图6-11,两泉的水样$^{87}Sr/^{86}Sr$值也完全落在了灰岩锶同位素比值与地表水$^{87}Sr/^{86}Sr$比值之间,这使我们有理由相信两泉的补给水主要来自于上游岩溶水和地表水的混合补给。但坡底泉和城西泉水化学组分上的差异又似乎提示我们,在两者的补给来源上,尚存在一定程度的差异。与城西泉相比较,坡底泉水样具有较低的NO_3^-含量、较高的Sr含量和较高的SO_4^{2-}含量。这说明与城西泉相比较而言,坡底泉受到了额外的高SO_4^{2-}含量来源水的补给。那么是什么原因造成这种补给来源上的差异呢?

首先,结合研究区水文地质条件,发现在地理位置上,坡底泉和城西泉之间的径流-汇流区在地形上被磨峪山分为两部分:南部的桃河径流-汇流区和北部的温河径流-汇流区。此时的磨峪山已经成为了一条地表分水岭。那么,这条地表分水岭是否为地下水分水岭呢?如果是的话,就可以确认在沿河的南北两个径流-汇流区之间是有限制的水力联系,从而可以将其作为两个径流-汇流带处理。由于沿桃河岩溶深井的地下水水位标高较温河沿线岩溶地下水水位标高为高,故历史上通常将其合并为一个岩溶地下水径流-汇流带处理。假定不存在两条径流-汇流带,那么沿两河采集的岩溶地下水水样就应该具有某种相似性,为此绘制了径流-汇流带水样三线图(图6-12)。从水样三线图上来看,沿温河一线的岩溶地下水和温河地表水的水化学性质比较相似,聚集在一起。而沿桃河岩溶地下水和地表水则显得比较分散,三处岩溶地下水中仅有一处靠近温河一线的径流-汇流区水样。这种现象说明,沿温河和桃河的岩溶地下水在某些情况下极可能应分属两条补给-径流带(南、北径流带),而不应划为一个整体。推测当磨峪山区域的局部补给区不能够提供补给水时,该处的岩溶地下水分水岭就会随之消失,此时,南部径流-汇流带受区域流动系统的补给作用而水位不断抬升,从而会使地下水向北部径流带运移,成为北部径流-汇流带的组成部分之一。但当有磨峪山地下水分水岭存在时,南、北两条径流-汇流带的地下水会沿各自的径流方向向娘子关运移,两者之间的水力联系微弱。城西泉在三线图中的位置远离沿温河岩溶地下水水样,这说明沿温河径流-汇流带岩溶地下水不可能成为城西泉的主要补给来源。而南径流-汇流带(桃河一线)的岩溶地下水和地表水普遍具有较低的SO_4^{2-}含量,从而有可能成为城西泉的主要补给来源之一,也恰好地解释了城西泉硫酸盐含量较低的现象。坡底泉则以较近的距离与温河沿岸岩溶地下水水样聚集在一起,表明该处岩溶水是坡底泉的主要补给来源之一(图6-12,表6-3)。

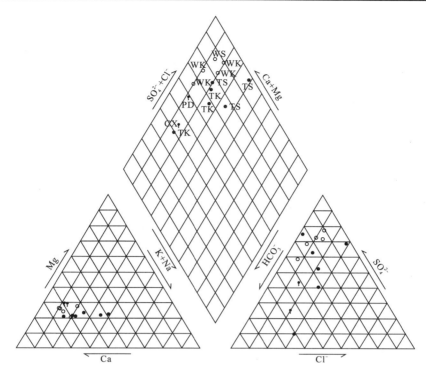

图 6-12 沿桃河和温河岩溶地下水及地表水水样三线图

WS. 温河地表水；WK. 沿温河岩溶地下水；TS. 沿桃河地表水；TK. 沿桃河岩溶地下水；PD. 坡底泉；CX. 城西泉

表 6-3 沿桃河和温河两岸地下水及地表水常量组分 (mg/L)

地点	样号	pH	NO_3^-	Cl^-	HCO_3^-	SO_4^{2-}	Ca^{2+}	K^+	Mg^{2+}	Na^+
南川河西郊	TS	7.81	77.37	18.58	388.27	976.45	330.99	11.70	72.75	121.93
乱流村水井	TK	7.33	143.23	154.56	539.26	68.29	214.80	2.45	42.45	58.07
程家深井	TK	7.48	109.78	153.85	308.15	306.84	180.31	3.99	49.09	98.34
上盘石水井	TK	7.25	68.90	150.00	315.66	496.40	220.00	9.08	48.66	90.35
桃河乱流段	TS	7.48	106.81	76.57	237.28	489.31	153.87	9.61	46.68	137.06
桃河下盘石	TS	10.12	69.46	143.93	23.11	470.05	116.72	6.94	40.71	130.84
巨城镇水井	WK	7.5	40.83	31.57	258.68	351.40	158.80	1.97	39.41	27.45
郊区温河	WS	8.32	39.81	77.42	132.50	531.46	198.05	7.23	45.91	45.53
圪套水井	WK	7.76	49.93	74.60	220.82	735.55	275.60	8.97	55.90	97.75
上董寨水井	WK	7.59	27.63	32.46	192.15	426.43	163.70	3.00	40.50	30.85
会里水井	WK	8.14	44.22	60.97	92.45	530.16	157.58	2.59	49.16	65.04
城西泉	CX	7.52	60.03	54.59	261.93	96.13	99.44	0.76	31.04	29.53
坡底泉	PD	7.77	39.34	52.18	246.52	201.34	119.45	0.68	36.50	28.15

注：WS. 温河地表水；WK. 沿温河岩溶地下水；TS. 沿桃河地表水；TK. 沿桃河岩溶地下水；PD. 坡底泉；CX. 城西泉。

在岩溶泉月流量动态上,城西泉的流量波动范围较窄,去掉一个极小值后,流量基本在 $220×10^4 \sim 290×10^4 m^3$ 范围内波动,泉流量稳定系数为 0.76,属较稳定泉(图 6-10)。而其泉流量变化在非雨季波动频繁,雨季比较平滑的特点,也说明除区域流动系统外,局部流动系统也是其主要补给来源之一。流量变化的频繁波动正是在区域流动系统本底值的基础上,局部流动系统叠加的结果。

6.4 小结

岩溶水流动系统总形态为以娘子关泉群为排泄点,呈半辐聚状水动力网。在天然状态下,系统地下水以娘子关泉为排泄基准,可汇集整个岩溶水系统地下径流(图 6-13)。但在近年来,对地下水尤其是岩溶地下水的过度开采,导致在某些人口集中地出现了岩溶地下水降落漏斗。这些降落漏斗主要分布在盂县县城、寿阳县城和阳泉—平定一线。其中盂县和寿阳岩溶水降落漏斗较小,对整个区域地下水流场影响微弱。但在阳泉—平定一线的三角形降落漏斗不仅面积比较大,而且地下水水位下降严重,已经基本和岩溶水系统排泄区岩溶泉水位标高相同,严重影响到岩溶水系统地下水流场的存在形态。从而出现了由岩溶水系统南北补给—径流区和西部补给区的部分地下水直接补给降落漏斗区的现状。由此也导致部分原来属于阳泉—娘子关一线的径流-汇流区的岩溶地下水反过来逆向补给漏斗区。这种现象的一个明显证据就是在下白泉—龙庄一线附近形成了一条"人造地下水分水岭"。

通过对桃河和温河沿岸岩溶地下水水化学特征的对比,重新认识了原来认为的径流-汇流区的地下水流场形态,认为:当磨峪山区域的局部补给区不能够提供补给水时,该处的岩溶地下水分水岭就会随之消失,此时,南部径流-汇流带受区域流动系统的补给作用而水位不断抬升,从而会使地下水向北部径流带运移,成为北部径流-汇流带的组成部分之一。但当有磨峪山地下水分水岭存在时,南、北两条径流-汇流带的地下水会沿各自的径流方向向娘子关运移,两者之间的水力联系微弱。

城西泉在三线图中的位置远离沿温河岩溶地下水水样,这说明沿温河径流-汇流带岩溶地下水不可能成为城西泉的主要补给来源。而南径流-汇流带(桃河一线)的岩溶地下水和地表水普遍具有较低的 SO_4^{2-} 含量,从而有可能成为城西泉的主要补给来源之一,也恰好地解释了城西泉硫酸盐含量较低的现象。坡底泉则以较近的距离与温河沿岸岩溶地下水水样聚集在一起,表明该处岩溶水是坡底泉的主要补给来源之一。

在岩溶泉中,由于程家泉(井)在散点图中远离于其他岩溶水样,它的补给水可能大部分来源于上游径流-汇流区岩溶水和地表水的混合补给,而其接受局部流动系统的补给微弱,以致于在同位素特征上得不到很好的体现。由水样 $\delta D - \delta^{18}O$ 散点图,五龙泉、苇泽关泉和水帘洞泉均处于左下角,其值均较负,因此不存在地表水补给的可能性。而坡底泉、城西泉和部分岩溶地下水水样聚集在一起,其接受地表水补给的可能性较大。

从苇泽关泉月流量动态看,月际波动频率比较高,但其波动范围比较窄。说明其对降雨变化的敏感度比较高,也即对单次降雨的响应度比较高。其较窄的波动范围说明其补给面积和补给途径均比较稳定,受环境因素干扰程度低。但从泉流量长期变化来看,不具有与降雨量相匹配的明显的周期性特征,因此其补给范围不可能是来自区域流动系统。而其较为稳定的泉

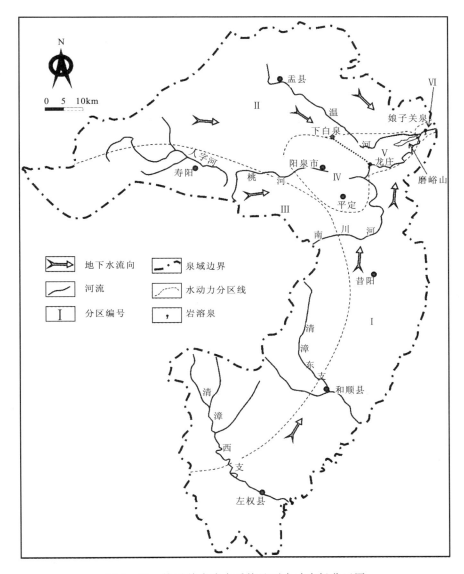

图 6-13 娘子关岩溶水系统地下水动力场分区图

Ⅰ．南部补给-径流区；Ⅱ．北部补给-径流区；Ⅲ．西部滞流区；Ⅳ．中部降落漏斗区；Ⅴ．东部径流-汇流区；Ⅵ．排泄区

流量也说明其补给来源具有非局部性的特点。基于以上分析，认为苇泽关泉主要由来自中间和局部流动系统来源水补给。

与苇泽关泉相比而言，五龙泉的月流量变化相对比较平滑，体现了其对大气降水周期性变化的响应度较苇泽关泉高，因此比较而言，后者接受区域流动系统补给的程度要高于前者。但其月际波动在一定程度上也是存在的，说明尚存在局部流动系统来源的短流径、短历时岩溶水的补给。同时五龙泉相对较低的稳定系数(0.65)，表明其补给来源存在多种形式或补给面积、补给途径不稳定。而其逐渐减小的泉流量也表明，该泉的补给在近年来受到了地下水过度开采的影响,尤其是在苇泽关泉和城西泉流量均上升的情况下,其流量却呈下降态势。因此可以初步判定,五龙泉由区域流动系统和局部流动系统共同补给,但在人类活动的影响下,区域流动系统的补给源、补给面积和补给途径的不确定性增加,导致泉流量不能维持正常水平。

水帘洞泉主要由运移于 O_2x 含水层中的岩溶"优势流"补给。此外,水帘洞泉的流量动态特征似乎也为这种分析结果做了一个良好的标注。由于其补给来源为岩溶"优势流"补给,因此水帘洞泉流量动态极其不稳定,在主要降雨滞后集中补给时流量极大,一旦进入枯水期后,就很容易失去补给来源而迅速衰减甚至断流,为一间歇性岩溶泉。

基于以上分析,可以将岩溶水系统划分为南部补给-径流区、北部补给-径流区、西部滞流区、中部降落漏斗区、东部径流-汇流区和排泄区 6 个水动力区。其中,中部降落漏斗区以降落漏斗边界为界定,向东直至下白泉—龙庄附近的水丘(人造地下水分水岭)。

§7 岩溶地下水时空演化特征

7.1 岩溶水动态演变特征

7.1.1 岩溶泉流量多年演变特征

作为中国北方第一岩溶大泉,娘子关泉多年平均流量 $9.4m^3/s$(1956—2005),是研究区最主要的供水水源。从 20 世纪 70 年代以来,由于周期性降水量的影响、岩溶区地下水开采量的不断增加,使补给区岩溶水水位不断下降,程家泉、石桥泉已干涸,水帘洞泉时干时续,排泄区泉水总流量同步减小。

自 1956 年起,娘子关泉开始有连续的流量观测记录,据此流量序列,娘子关泉的最大年流量为 $14.3m^3/s$(1964),最小年流量为 $5.8m^3/s$(2006),流量极值之比接近 3∶1。娘子关泉在 51 年间(1956—2007)的流量均方差为 $2.43m^3/s$,占多年平均流量的 22.5%。由于泉流量的这种差异,图 7-1 中的流量曲线表现出波动起伏的特征。由图 7-1~图 7-3 可见,娘子关泉流量的多年变化具有周期性,51 年间泉流量动态曲线共出现比较明显的波峰及波谷,波峰或波谷之间的时间间隔各不相同。同样,在泉流量的多年分月统计数据来看,也存在这样的规律性:泉水分月平均流量具有显著的波峰和波谷,呈不稳定的周期性变化(图 7-2)。

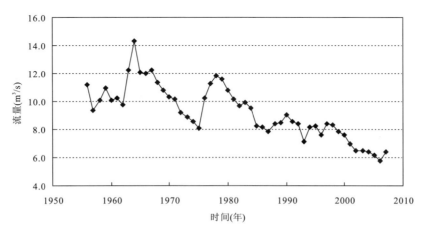

图 7-1 泉流量年际变化特征(1956—2007)

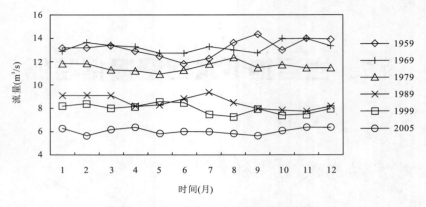

图7-2 典型年份泉流量年内变化特征

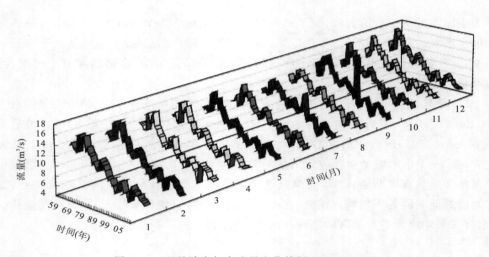

图7-3 以月计多年泉流量变化特征(1959—2005)

从泉水的年内排汇量变化来看,除1985年(0.42)和1995年(0.59)外,其余年份泉流量不稳定系数介于0.7~0.9之间(不稳定系数以最小月流量和最大月流量做比值,介于0~1之间),这与娘子关岩溶水系统岩溶泉补给来源丰富、地下水径流稳定的认识相一致。单个岩溶泉流量的年内变化以苇泽关泉波动性最强,其泉流量规则地以年均值为轴对称分布,具有短周期脉冲效应;而城西泉和五龙泉却具有更长的脉冲周期(图7-4、图7-5)。这种泉流量变化上的差异,反映了苇泽关泉、城西泉和五龙泉来源水补给途径和范围上的差异。可以说苇泽关泉的补给来源水主要来自于局部流动系统中的单一含水层组补给,因而其流量特征基本上未受到人为活动的影响(图7-6)。同样,城西泉的流量动态也比较稳定,全年范围内基本由一个峰(2~3月)、一个谷(7~8月)和一个稳定期(9~12~1月)组成。因此可以确定,城西泉具有稳定的补给来源,且补给历时长。

§7 岩溶地下水时空演化特征

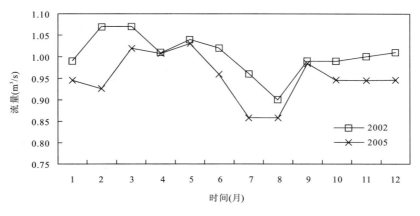

图7-4 城西泉流量年内变化特征

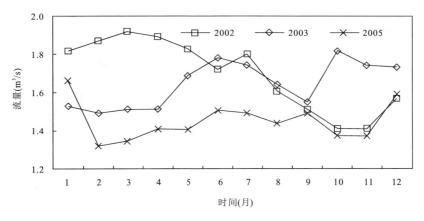

图7-5 五龙泉流量年内变化特征

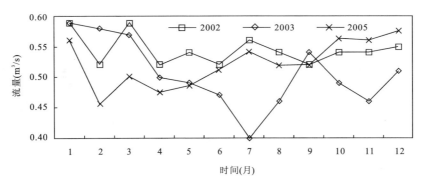

图7-6 苇泽关泉流量年内变化特征

7.1.2 岩溶地下水水位演变特征

研究区岩溶地下水水位在30年内呈现逐渐下降趋势(图7-7、图7-8)。以会理深井为例,1981年地下水水位标高为404.33m,至2006年止已经下降为391.45m。25年间共下降了12.88m,平均年水位下降幅度大于0.5m。同样,位于径流-汇流区的上董寨深井在过去的27年间,地下水位共下降了13.86m,年下降幅度达0.513m。会理深井地下水水位年内月际变化较大,反映其补给来源比较单一,主要为降雨补给,具有显著的降雨补给滞后效应(图7-9)。而上董寨深井地下水水位年内变化相对较小,仅在每年的9~10月份形成一个较短的高值区间,反映了地下水主要来源于上游补给,降雨对地下水水位波动的影响仅局限于最高降雨量的滞后补给(图7-10)。而历年来逐渐增加的波峰值也说明由于地下水水位持续下降,局部流动系统的地下水补给在该井处越来越具有重要的地位。

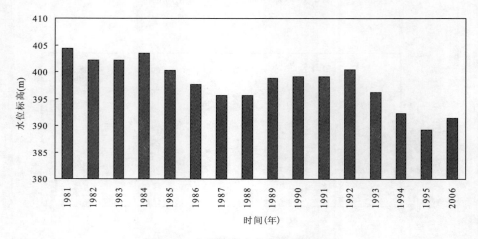

图7-7 会理深井水位年际变化特征

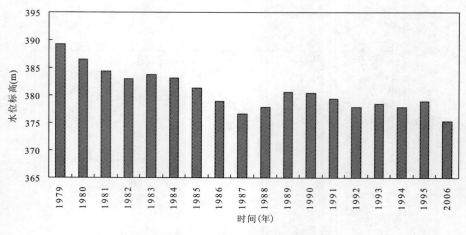

图7-8 上董寨深井水位年际变化特征

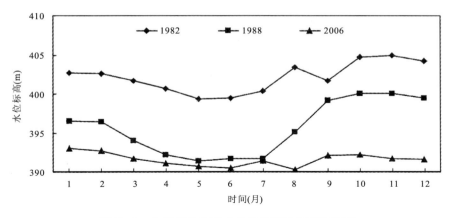

图7-9 会理深井地下水水位标高年内变化特征

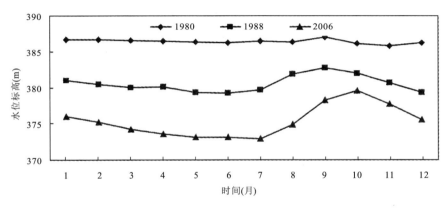

图7-10 上董寨深井水位月际变化特征

7.2 岩溶水水质演变特征

研究区5个主要岩溶泉在20世纪80年代水质基本变化不大,90年代以后水质波动较大,且离子浓度有逐渐上升的态势(图7-11~图7-15),上升速度最大的是城西泉,硫酸盐和钙浓度最高值几乎达到80年代的2倍左右(图7-15)。同样岩溶泉中钙、镁和氯离子的浓度在总体上也呈现逐渐升高的趋势。同时与80年代相比,以上离子组分含量均在90年代中期出现了一定程度的波动现象。可见在气候变化和人类活动的双重作用下,岩溶泉的水质状况已经受到了严重的影响,这种影响集中体现在含量变化和波动性加强上。无论是补给-径流区还是径流-汇流区的岩溶地下水主要离子组分均呈现逐渐增加的趋势,水质恶化现象明显(图7-16~图7-19)。尤其是径流-汇流区地下水(上董寨),其硫酸盐和钙含量上升较20世纪80年代有一倍之多。

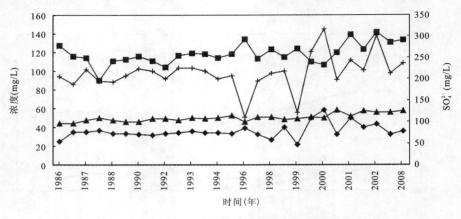

图 7-11　五龙泉水质年际动态特征

■. Ca^{2+}；＋. SO_4^{2-}；▲. Cl^-；◆. Mg^{2+}

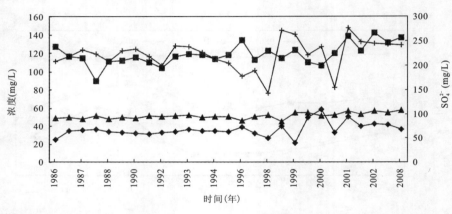

图 7-12　苇泽关泉水质年际动态特征

■. Ca^{2+}；＋. SO_4^{2-}；▲. Cl^-；◆. Mg^{2+}

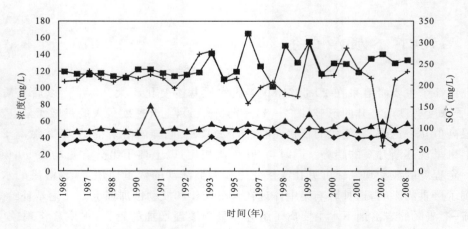

图 7-13　坡底泉水质年际动态特征

■. Ca^{2+}；＋. SO_4^{2-}；▲. Cl^-；◆. Mg^{2+}

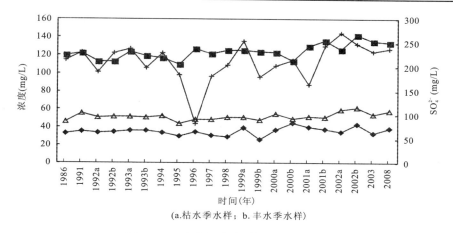

(a.枯水季水样；b.丰水季水样)

图 7-14 水帘洞泉水质年际动态特征

■. Ca^{2+}；＋. SO_4^{2-}；▲. Cl^-；◆. Mg^{2+}

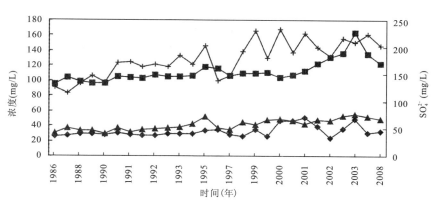

图 7-15 城西泉水质年际动态特征

■. Ca^{2+}；＋. SO_4^{2-}；▲. Cl^-；◆. Mg^{2+}

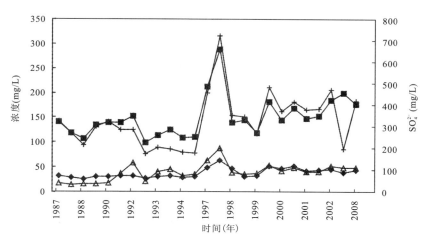

图 7-16 会里深井岩溶水水质年际动态特征

■. Ca^{2+}；＋. SO_4^{2-}；▲. Cl^-；◆. Mg^{2+}

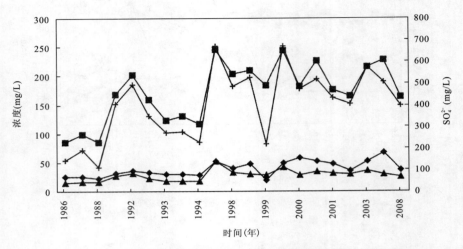

图 7-17 上董寨深井岩溶水水质年际动态特征
■. Ca^{2+}；+. SO_4^{2-}；▲. Cl^-；◆. Mg^{2+}

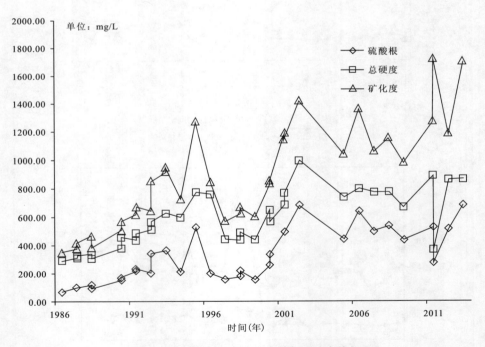

图 7-18 程家深井岩溶水水质年际动态特征

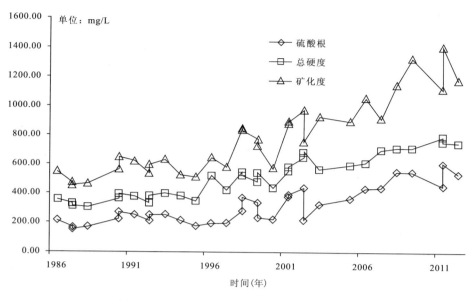

图 7-19 龙庄深井岩溶水水质年际动态特征

7.3 沿流经岩溶地下水水质演化特征

研究区地下水主要赋存形式有孔隙水、裂隙水和岩溶水。而孔隙水和裂隙水通常缺乏独立的补排系统,事实上已成为了奥陶纪岩溶水补给-径流系统的一部分,故可以将其作为岩溶水系统的补给-径流区来对待。

依据研究区岩溶水的排泄特征,可以将岩溶水系统划分为两个子系统:漏斗区子系统和岩溶泉子系统。尽管由于局部岩溶地下水降落漏斗的存在导致下白泉—龙庄一线以西的地下水向阳泉-平定降落漏斗汇流,但区域流动系统的地下水总体流向还是从西、南和北三个方向向娘子关泉汇聚(图 7-20)。

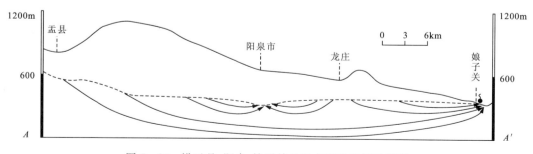

图 7-20 沿盂县-阳泉-娘子关地下水流动系统示意图

7.3.1 漏斗区子系统

由于局部岩溶地下水降落漏斗的存在,使得西部地下水以降落漏斗为中心汇流,因此可以将其作为一个相对独立的岩溶水子系统来分析。该子系统中,地下水的主要补给源为石炭二叠系裂隙水和少部分的岩溶水。补给区石炭二叠系裂隙水均属于 $HCO_3-SO_4-Ca-Mg$ 水或 $HCO_3-Ca-Mg$ 水;而补给区岩溶地下水既包括 $HCO_3-SO_4-Ca-Mg$ 水,也包括 $SO_4-HCO_3-Ca-Mg$ 水。子系统径流-排泄区岩溶地下水阴离子多以 SO_4^{2-} 为主,水化学类型包括 SO_4 型、SO_4-HCO_3 型、SO_4-HCO_3-Cl 型。此外还有少部分 Cl 型和 HCO_3-Cl 型水。地表水毫无例外地均为 SO_4 型,包括 SO_4 型、SO_4-HCO_3 型和 SO_4-HCO_3-Cl 型,阳离子以 Ca 或 $Ca-Mg$ 为主。矿坑水均属 SO_4 型,主要阳离子为 Ca、Mg,其 SO_4^{2-} 含量较高主要与煤系地层中黄铁矿的氧化有关。

水样三线图中石炭二叠系裂隙水和补给区岩溶水均落在菱形的左侧,它们共同构成了子系统的地下水补给来源(图7-21)。径流-排泄区岩溶地下水均落在菱形图的顶部左侧,且部分岩溶水和地表水样品混杂地分布在一起。这说明岩溶地下水有可能受到地表水渗漏补给,从而在水化学性质上趋向于一致。矿坑水远远地坐落于菱形图的右上侧,远离大部分岩溶水,但仍有少数岩溶水和地表水与其相邻,这说明部分岩溶水和地表水有可能在一定程度上接受了矿坑水的补给。事实上,由于采煤活动引起岩溶地下水和地表水水质恶化现象在研究区广泛存在,尤其是在矿区周边区域。

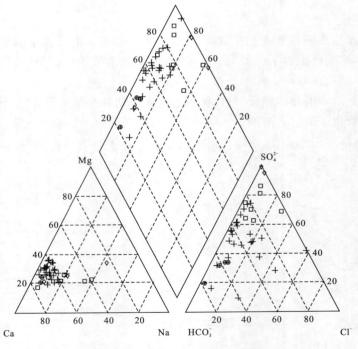

图7-21 降落漏斗子系统水样三线图
□.地表水;◇.矿坑水;+.岩溶水;○.泉水;⊕.裂隙水

研究区岩溶地下水除少数样品外,大部分落在全球降雨线附近,说明大气降水是其主要补给来源。而地表水由于受蒸发作用的影响,通常会发生同位素漂移(图7-22,表7-1)。如果降雨来源的深层岩溶水未受地表水入渗的影响,那么其同位素组成通常会保留大气降水的特征。一旦受到地表水入渗影响,就会相应地发生同位素漂移而落在岩溶地下水与地表水的混合线上。5号、7号和13号水样点均远离降雨线,落在岩溶地下水和地表水混合线附近,表明该处地下水受到了地表水入渗的影响。5号和7号水样分别取自平定县西郊和乱流深井。两者均距地表河流较近,前者位于南川河附近,后者位于桃河附近。13号水样取自平定大石门水库深井,距大石门水库仅有1km左右。因此在上述区域发生地表水渗漏补给地下水存在一定的必然性。

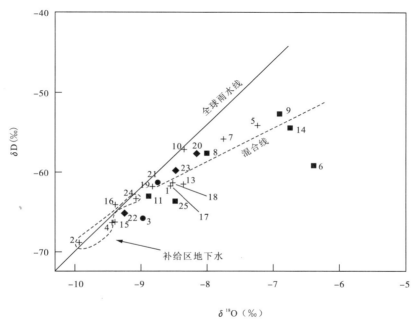

图7-22 漏斗区子系统水样 $\delta D - \delta^{18} O$ 散点图
◆.矿坑水;+.岩溶水;■.地表水;●.石炭二叠系裂隙水

研究区矿坑水均落在全球降雨线的附近,表明矿坑水的补给来源均为降雨补给。但由于黄铁矿的氧化性溶解,导致矿坑水中 SO_4^{2-} 含量较天然水样高出许多。因此在 $SO_4^{2-} - \delta D$ 散点图中矿坑水全部落在右侧,大部分地表水落在左上方,补给区地下水则落在左下方(图7-23)。如果径流-汇流区地下水受矿坑水渗漏的影响或接受了大量矿坑水污染的地下水,那么它也会因此而使得硫酸盐含量升高,落在地下水/地表水-矿坑水混合线上。图7-23中1号(西沟)、16号(荫营)、19号(白泉)和6号(桃河下石盘段)水样均落在地下水和矿坑水混合线附近,说明其受了矿坑水的污染。此外,5号和7号水样,远离岩溶地下水散落在地表水附近,进一步证实了在上述位置地表水渗漏补给地下水情况的发生。

表 7-1 漏斗区子系统选用水样类型与位置一览表

样号	取样点名称	水样类型	水温(℃)	pH	水化学类型
1	西沟	岩溶水	19.5	7.12	$SO_4-HCO_3-Ca-Mg$
2	石店煤矿	岩溶水	18	7.46	$HCO_3-Ca-Mg$
3	南娄1	裂隙水	18	7.32	$HCO_3-SO_4-Ca-Mg$
4	南娄2	岩溶水	19	7.27	$SO_4-HCO_3-Ca-Mg$
5	西郊	岩溶水	20	7.23	$SO_4-Cl-HCO_3-Ca-Mg$
6	南川河	地表水	28	7.81	$SO_4-HCO_3-Ca-Mg$
7	乱流	地表水	20	7.33	$HCO_3-Cl-Ca$
8	桃河乱流	地表水	29	7.48	$SO_4-HCO_3-Ca-Na-Mg$
9	下盘石	地表水	30	10.12	$SO_4-Cl-Ca-Na-Mg$
10	后沟	岩溶水	18	7.65	$SO_4-HCO_3-Cl-Ca$
11	尚义水库	地表水	22	7.5	$SO_4-HCO_3-Ca-Mg$
12	五矿深井	岩溶水	18	7.98	HCO_3-SO_4-Ca
13	大石门	地表水	22	7.5	$SO_4-HCO_3-Ca-Mg$
14	大石门水库	岩溶水	22	7.9	SO_4-Ca
15	固庄水井	岩溶水	18.2	7.53	$SO_4-HCO_3-Ca-Mg$
16	荫营矿	岩溶水	17.3	7.37	$SO_4-Ca-Mg$
17	大西庄	岩溶水	18.6	7.86	$Cl-SO_4-HCO_3-Ca-Mg$
18	小河村	岩溶水	16.8	7.7	$SO_4-HCO_3-Ca-Mg$
19	白泉	岩溶水	18.5	7.68	$SO_4-HCO_3-Ca-Mg$
20	固庄07	矿坑水	18.5	7.74	$SO_4-Ca-Mg$
21	狮脑山	裂隙泉	15.5	7.71	HCO_3-SO_4-Ca
22	一矿	矿坑水	22	8.04	$SO_4-Ca-Mg$
23	五矿	矿坑水	22	7.98	$SO_4-Ca-Mg$
24	左权	岩溶水	18.2	7.68	$HCO_3-SO_4-Ca-Mg$
25	桃河水	地表水	26.5	8.25	$SO_4-Cl-Ca-Na-Mg$

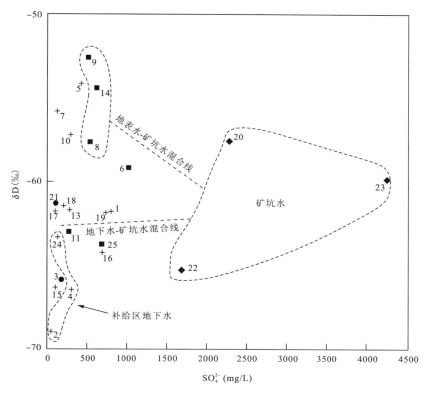

图 7-23 漏斗区子系统水样 SO_4^{2-}-δD 散点图
◆.矿坑水；+.岩溶水；■.地表水；●.石炭二叠系裂隙水

天然水中硼的含量非常低。当发生生活污水（含工业污水）污染时，地下水或地表水的硼含量通常会升高。漏斗区子系统补给区地下水全部位于散点图（图7-24）的左下角，说明研究区天然补给来源水中硼的含量也是非常低的。矿坑水以较高的硫酸盐含量和比较高的硼含量而位于图中中部到右侧，表明采煤活动不仅会导致水中硫酸盐含量上升也会引起硼含量升高。地表水除一处外，其余均以中等的硼和硫酸盐含量而位于矿坑水水样的左侧；11号地表水（尚怡水库）完全落于补给区地下水水样之间，可以据此推断其主要由降雨和补给区地表水出露排泄补给，在未受人类活动影响的情况下，地表水的硼和硫酸盐含量也比较低。其余地表水均受到了生活污水或矿坑排水的影响，其中6号地表水（南川河西郊段）则更可能是受到了坑矿排水和生活污水的共同补给。岩溶水中5号（西郊）和18号（小河）以最高的硼含量和较低的硫酸盐含量位于左上角，判断在该处有生活污水渗漏污染地下水现象。此外，5号水样在地理位置上与6号地表水邻近，同时其较18号高的硫酸盐含量也表明它可能还同时接受了来自南川河水（SO_4^{2-}含量976.5mg/L）的下渗补给。1号（西沟）、16号（萌营）和19号（白泉）以略高于地表水的硫酸盐含量和低于地表水的硼含量而位于地表水样的右下侧、矿坑水的左侧。以上三处水样均位于研究区主要煤矿开采区且距离地表河流较远，因此接受地表水补给的可能性很小，但因其位于矿区故接受矿坑水越流补给的可能性较大。7号（乱流水井）、15号（固庄水井）和17号（郊区大西庄）水样以高于补给区地下水但低于地表水的硼含量和较低的硫酸

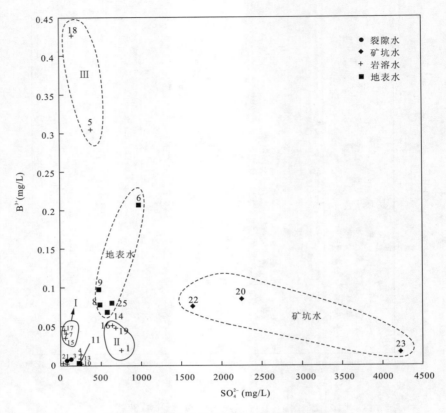

图 7-24 漏斗区子系统水样 SO_4^{2-}-B 散点图

盐含量位于补给区地下水之上、地表水水样之下。由前面的分析知道 7 号水样位于桃河附近，可能受到地表水渗漏补给，因此其硼含量升高是可以理解的，但其较低的硫酸盐含量表明在该处可能有来自其东部-南部岩溶裸露区地下水的补给。15 号和 17 号水样，全部位于阳泉市郊区，其所在地的地层岩性为 $Q+O_2$，但 Q 地层的厚度非常有限，一般为 5～15m。而前面提及的 5 号和 18 号水样亦属于类似的状况。由于北方城郊结合带排污管道缺乏系统的管理，往往处于年久失修或缺失状态，因此污水更容易穿过第四系沉积层进入岩溶地下水。所以上述四处地下水的 B 含量极有可能来源于生活污水的管道渗漏污染。

7.3.2 岩溶泉子系统

岩溶泉子系统的主要补给来源为岩溶裸露区的降雨入渗、小部分的石炭二叠系裂隙水和下奥陶统岩溶裂隙水。由于该区域径流路径长、仍然存在为数不少的采矿活动区，因此岩溶地下水依然存在着离子组分含量偏高的现象。补给区裂隙水和岩溶裂隙水均属 HCO_3-SO_4-Ca-Mg 或 HCO_3-Ca-Mg 型水。在南部补给区左权采集的岩溶水属 HCO_3-SO_4-Ca-Mg 型水，而在北部补给区盂县采集的岩溶水属 SO_4-HCO_3-Ca-Mg 型水。径流-汇流区岩溶地下水阴离子多以 SO_4^{2-} 为主，包括 SO_4 型和 SO_4-HCO_3 型，阳离子主要以 Ca 或 Ca-Mg 为主。径流区岩溶地下水除移穰水样外均属 SO_4 或 SO_4-HCO_3 型水。地表水为 SO_4-HCO_3

型或 SO_4-HCO_3-Cl 型,阳离子以 Ca 或 Ca-Mg 为主。岩溶泉中,城西泉、五龙泉和苇泽关泉属 $HCO_3-SO_4-Ca-Mg$ 型水,而水帘洞泉和坡底泉属 $SO_4-HCO_3-Ca-Mg$ 型水(表7-2)。

表7-2 岩溶泉子系统选用水样类型与位置一览表

样号	取样点名称	水样类型	水温(℃)	pH	水化学类型
26	自来水厂	岩溶水	19	7.53	$HCO_3-Ca-Mg$
27	兴道泉	岩溶水	15.7	7.53	$HCO_3-Ca-Mg$
28	程家深井	岩溶水	18	7.48	$SO_4-HCO_3-Cl-Ca-Na-Mg$
29	城西泉	岩溶泉水	18	7.52	$HCO_3-SO_4-Ca-Mg$
30	五龙泉	岩溶泉水	19	7.5	$HCO_3-SO_4-Ca-Mg$
31	苇泽关泉	岩溶泉水	20	7.36	$HCO_3-SO_4-Ca-Mg$
32	水帘洞泉	岩溶泉水	19.9	8.4	$SO_4-HCO_3-Ca-Mg$
33	娘子关泉	地表水	22	8.25	$SO_4-HCO_3-Ca-Mg$
34	坡底泉	岩溶泉水	19	7.77	$SO_4-HCO_3-Ca-Mg$
35	巨城镇	岩溶水	18.9	7.5	$SO_4-HCO_3-Ca-Mg$
37	上盘石	岩溶水	19.5	8.05	$SO_4-HCO_3-Cl-Ca-Mg$
38	温河	地表水	23.8	8.32	$SO_4-Ca-Mg$
39	和顺	矿坑水	23.5	6.95	$SO_4-Ca-Mg$
40	昔阳	矿坑水	22.5	6.54	$SO_4-Ca-Mg$
41	固庄08	矿坑水	18.6	5.07	$SO_4-Ca-Mg$
42	白泉	岩溶水	18.5	7.56	$SO_4-HCO_3-Ca-Mg$
43	下白泉	岩溶水	19.4	7.58	$SO_4-HCO_3-Ca-Mg$
44	下董寨	岩溶水	19.5	7.86	$SO_4-Ca-Mg$

径流区水样普遍具有较高的 SO_4^{2-} 和 $Ca^{2+}+Mg^{2+}$ 含量,坐落在三线图中接近地表水和矿坑水的位置(图7-25)。这说明地下水在运移过程中,一方面会与其赋存的含水介质发生水-岩相互作用而使得这些组分富集;另一方面研究区广泛存在的岩溶裸露区为地表水和矿坑排水的下渗补给提供了有利的水文地质条件。此外,由于采矿活动也会使得矿坑水越流补给而污染岩溶地下水。非常有趣的是,作为整个岩溶子系统的天然排泄,娘子关泉群水样没有落在三线图菱形上端,而是集中地出现在了补给区水样和径流区水样之间。显然,如果泉群仅仅接受沿温河一带的强径流区地下水补给,那么其水化学类型也应全部属于 SO_4-HCO_3 型,且应该随水-岩相互作用程度的加强而具有更高的离子组分含量才能符合理论推断。但实际情况是泉群中不仅包含 HCO_3-SO_4 型的地下水,而且TDS和电导率均低于径流区水样。由此可见,泉群的补给来源中除来自径流-汇流区的区域流动系统补给外,还应该存在其他来源水或局部流动系统的补给。需要强调的是,尽管由于局部岩溶地下水降落漏斗的存在导致下白

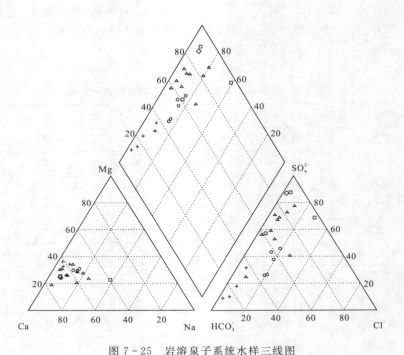

图7-25 岩溶泉子系统水样三线图
□.地表水；十.补给区地下水；○.泉水；△.径流区地下水；◇.矿坑水

泉—龙庄一线以西的地下水向阳泉-平定降落漏斗汇流,但区域流动系统的地下水总体流向还是从西、南和北三个方向向娘子关泉汇聚。我们推测,即便是下白泉—龙庄一线以西的阳泉-平定降落漏斗区,深部岩溶水的流向也可能指向娘子关泉。

研究区东部广泛分布的碳酸盐岩裸露区,为地表水的入渗提供了便利。在$\delta D - \delta^{18}O$散点图中,37号和28号水样远离其他径流区地下水样。其中28号水样(程家深井)落在地下水-地表水混合线附近(图7-26),说明在该处岩溶水受到了地表水入渗的影响。而37号水样位于桃河上石盘村,说明该处地下水受到了桃河河水的强渗漏补给,而出现较强的同位素漂移。水样的$SO_4^{2-} - \delta D$分布也进一步证明了以上分析的正确性(图7-27),两水样均落在补给-径流区地下水和地表水之间,这与前面的研究结论是相互吻合的。而42号、43号和44号地下水也因受到矿坑水补给而坐落在地下水-矿坑水混合线附近,或者说该地处下水的补给来源受到了矿坑水入渗的影响。

同样,为了进一步判定地下水与地表水、矿坑水以及可能的生活污水的相互作用关系,绘制了水样$SO_4^{2-} - B$散点图(图7-28)。补给区岩溶水的硼含量和硫酸盐含量均较低,落在图的左下角;矿坑水以较高的硫酸盐含量和中等含量的硼含量而位于右中侧;地表水以较高的硼含量而落在左上侧。径流区岩溶地下水以中等的硼和硫酸盐含量而落在左中侧。其中42号完全落在地下水与矿坑水的混合线上,再次确定了其受矿坑水污染的影响。35号水样落在地下水与地表水混合线附近,可见该处地表水下渗补给岩溶地下水也是可能的。尽管44号和37号水样未能落在两条混合线附近,但两者均落在两条混合线的三角区域内,表明其可能受到了矿坑水与地表水的共同补给。五个岩溶泉中,城西泉(29号)和坡底泉(34号)以最高的硼

§7 岩溶地下水时空演化特征

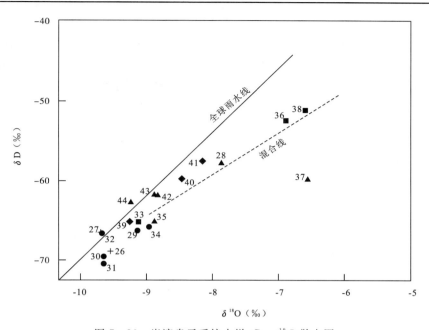

图 7-26 岩溶泉子系统水样 δD-$\delta^{18}O$ 散点图
■.地表水;＋.补给区地下水;●.泉水;▲.径流区地下水;◆.矿坑水

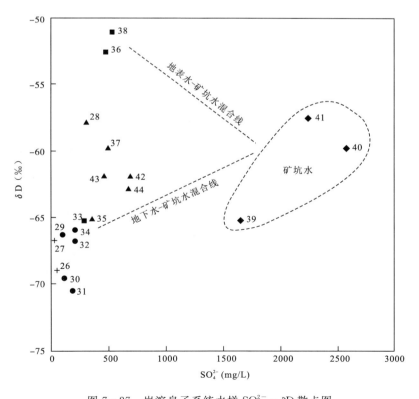

图 7-27 岩溶泉子系统水样 SO_4^{2-}-δD 散点图
■.地表水;＋.补给区地下水;●.泉水;▲.径流区地下水;◆.矿坑水

含量位于左上角,表明其受人类活动影响强烈,也表明其主要接受上游径流-汇流带岩溶水的补给,从而更容易受到污染。其中城西泉硼含量高于地表水,说明其可能受到了高硼含量的污水渗漏补给。而其余三个岩溶泉则以较低的硫酸盐和硼含量而基本落在径流区岩溶水的左下侧。表明上述岩溶泉受人类活动的干扰较小,其补给来源多属于深层岩溶水或人类活动较少的区域来水补给。这一结论与前面第三章的分析结果是一致的。

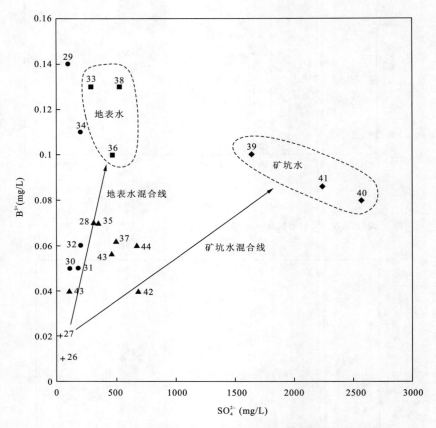

图 7-28　岩溶泉子系统水样 SO_4^{2-} -B 散点图(水样标注同图 7-27)
■.地表水;＋.补给区地下水;●.泉水;▲.径流区地下水;◆.矿坑水

基于以上分析,娘子关泉地下水系统地下水水化学成分的形成过程可以概述为:低离子含量的 $HCO_3-SO_4-Ca-Mg$ 型或 $HCO_3-Ca-Mg$ 型裂隙水和低—中等离子含量的 $HCO_3-SO_4-Ca-Mg$ 型岩溶裂隙水在其向下游运移的过程中,除固有的水-岩相互作用外,由于受采矿活动、地表水入渗补给和生活污水渗漏的影响,其离子组分含量不断上升,最终成为 SO_4 型、SO_4-HCO_3 型、SO_4-HCO_3-Cl 型水。在降落漏斗区,不同来源的地下水混合开采;而在泉群集中排泄区,区域流动系统与局部流动系统的地下水发生混合作用,最终形成了水质相对良好的 $HCO_3-SO_4-Ca-Mg$ 型或 $SO_4-HCO_3-Ca-Mg$ 型岩溶泉水。

7.4 岩溶水水质演化的地球化学过程模拟

7.4.1 主要矿物相水岩作用模拟

研究区岩溶地下水的赋存介质为碳酸盐岩-硫酸盐岩建造,所以我们选择方解石、白云石和石膏作为主要矿物相加以分析。当 SI(饱和指数)>0 时,矿物具有沉淀的倾向;$SI=0$ 时,矿物处于溶解平衡状态;$SI<0$ 时,矿物具有继续溶解的能力。由于在研究区广泛地存在着地表水入渗补给地下水的现象,因此选取受地表水补给影响较小的代表性水样加以分析。结合水样的地理位置依补给-径流-排泄区绘制主要矿物相饱和指数变化曲线(图 7-29)。

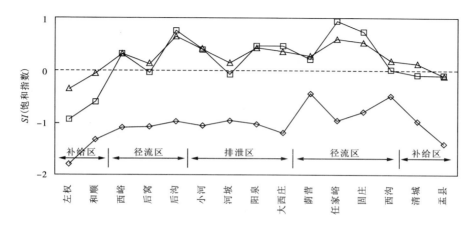

图 7-29 以漏斗排泄区为中心,两个岩溶地下水子系统从补给区到
排泄区地下水相对主要矿物相饱和指数变化曲线
△.方解石;□.白云石;◇.石膏

在地下水由补给区向排泄区运移过程中,方解石和白云石的 SI 值呈逐渐增加的趋势,由最初的 $SI<0$ 逐渐转化为 $SI>0$,表明随径流过程的进行,地下水对方解石和白云石具有良好的溶解能力,地下水中方解石和白云石的饱和指数也由不饱和逐渐过渡到过饱和(图 7-29)。在此过程中,地下水也由最初的溶解作用向方解石和白云石的沉淀过程演化。这与在径流区和排泄区的钻孔中常观察到碳酸盐次生矿物现象相吻合。此时,地下水中石膏的饱和指数也呈现相似的增长趋势,但其 SI 值均小于零。可见在此过程中尽管石膏不断发生溶解反应,但却始终未能达到饱和状态,即不会出现石膏沉淀现象。而在研究区受采煤活动严重影响的区域,地下水中石膏的饱和指数值也相应地成为了高值区域。那么在地下水运移过程中,石膏的溶解对于碳酸盐岩矿物的地球化学行为有没有影响呢?如果有又是如何发生的呢?为此我们进行了方解石和石膏的溶解动力学模拟来试图分析这一过程(图 7-30)。

模拟计算以纯水作为初始溶液,初始温度 18℃,反应物为方解石和石膏,CO_2 分压为 $P_{CO_2}=-2.0$。在反应开始后的 1 天左右,溶液中 HCO_3^- 含量迅速增长,而 SO_4^{2-} 的含量却仍然处于非常低的含量（小于 0.1mmol/L），说明此时反应体系以方解石的溶解作为主导过程。但随着反应时间的增加，在 64～128 天左右，水溶液中 Ca^{2+} 的增长变缓，HCO_3^- 含量也开始迅速下降，SO_4^{2-} 的含量出现了迅速上升，表明此时方解石开始大量沉淀，而石膏却保持着较高的溶解速率。因此，模拟计算结果表明，在碳酸盐岩含水层中，地下水初始以方解石（白云石）的溶解为主；随着石膏溶解数量的增加，方解石（白云石）的溶解开始受到抑制，进而发生沉淀，石膏的溶解成为控制地下水水化学的主导过程。以上模拟结果较好地解释了野外观察数据。

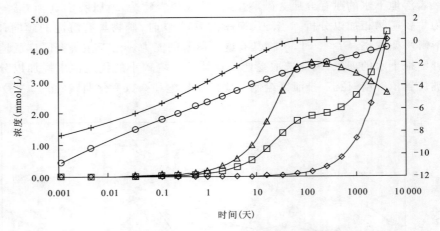

图 7-30　方解石和石膏共存体系的溶解动力学模拟曲线
浓度：◇. SO_4^{2-}；□. Ca^{2+}；△. HCO_3^-；饱和指数：○. 石膏；+. 方解石，以右轴计

7.4.2　矿坑水与岩溶水混合模拟

矿坑水渗漏补给对地下水水质演化产生着重大影响。矿坑水对地下水的补给作用，会因水文地质条件的差异而不同，最高补给比例可达 70% 左右（李义连等，2002；段光武等，2006）。当矿坑水补给地下水时，会发生混合作用，不同的混合比例会导致地下水水化学性质的显著差异（图 7-31）。

当矿坑水的混合比例由 10% 上升到 70% 时（代表性地下水为补给区 16 号水样），溶液 pH 值迅速下降到 5.6 左右，SO_4^{2-} 浓度上升到 30mmol/L，Ca^{2+} 浓度也随之上升，但 HCO_3^- 含量下降，总铁浓度上升。在此过程中，矿物石膏的饱和指数不断增加，趋向于饱和状态；铁氢氧化物（本例中以针铁矿为代表，下同）的饱和指数上升，并呈现过饱和状态，已具有沉淀的能力；方解石和白云石的饱和指数却呈下降趋势。这说明随着矿坑水渗漏比例的提高，地下水对碳酸盐岩含水介质的溶蚀能力增强，而对石膏和含铁矿物的溶蚀能力相应减弱。可见当矿坑水渗漏补给地下水时，地下水原有的水化学动态平衡会被打破，导致新的水-岩相互作用的发生。

那么受污地下水与碳酸盐岩含水介质层的相互作用又会引起什么样的地球化学效应呢？下面我们尝试以矿坑水与地下水混合比为 1:1 时的情况为例来研究其对碳酸盐岩含水介质（含水介质矿物组成取野外采集的灰岩样品的矿物组成平均值）的作用。

模拟实验中，以矿坑水与地下水 1:1 混合得到的溶液为代表性初始溶液，通过投加不同数量的方解石、白云石和菱铁矿（灰岩样品的测试平均值：MgO 10%，CaO 40%，Fe_2O_3＋FeO

§7 岩溶地下水时空演化特征

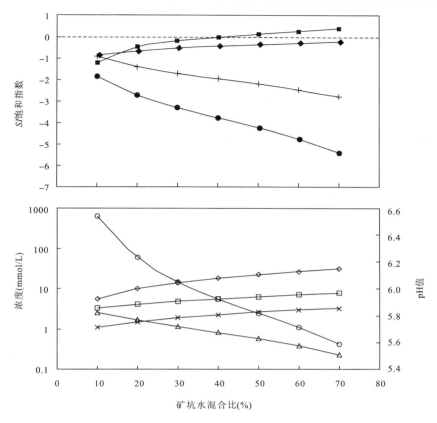

图 7-31 不同比例矿坑水与地下水混合过程水化学指标变化曲线
饱和指数：◆.石膏；＋.方解石；●.白云石；■.针铁矿；浓度：◇.SO_4^{2-}；□.Ca^{2+}；△.HCO_3^-；×.总铁

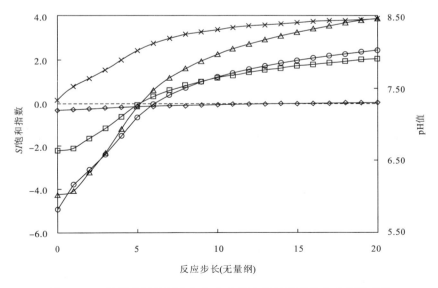

图 7-32 模拟受污地下水与含水介质作用过程矿物饱和指数变化
饱和指数：◇.石膏；□.方解石；△.白云石；×.针铁矿；○.pH

0.7%；折算后得到的矿物摩尔比为100∶35∶1.1,分20步加入,如图7-32所示),使其达到反应平衡,计算矿物饱和指数,结果详见表7-3。反应体系的CO_2分压设为$P_{CO_2}=-2.0$。

表7-3 受污地下水与含水介质作用过程矿物饱和指数变化模拟计算结果

反应步骤	pH	饱和指数			
		方解石	白云石	石膏	针铁矿
0	5.82	−2.190	−4.240	−0.34	0.140
1	6.17	−2.084	−4.061	−0.29	0.766
2	6.37	−1.639	−3.203	−0.25	1.12
3	6.59	−1.175	−2.302	−0.22	1.513
4	6.85	−0.617	−1.209	−0.19	1.986
5	7.10	−0.080	−0.159	−0.17	2.435
6	7.28	0.310	0.602	−0.15	2.750
7	7.41	0.596	1.155	−0.13	2.971
8	7.51	0.819	1.584	−0.11	3.135
9	7.59	1.001	1.933	−0.09	3.263
10	7.66	1.156	2.227	−0.08	3.367
11	7.72	1.289	2.480	−0.07	3.453
12	7.77	1.407	2.704	−0.05	3.525
13	7.81	1.513	2.903	−0.04	3.587
14	7.85	1.608	3.083	−0.03	3.641
15	7.89	1.695	3.246	−0.02	3.689
16	7.92	1.775	3.396	−0.01	3.731
17	7.95	1.849	3.534	0.00	3.768
18	7.98	1.917	3.663	0.01	3.802
19	8.00	1.981	3.782	0.01	3.832
20	8.03	2.041	3.894	0.02	3.859

模拟计算结果表明,混合水与含水介质进一步加剧了铁氢氧化物的过饱和,从而导致其沉淀。当反应进行到第6步时,方解石和白云石开始沉淀,此时参与反应的方解石和白云石分别为20mmol和7mmol。而此时体系中的石膏仍未达到饱和状态,也就是说,如果此时地下水流经含石膏介质的含水层时,仍然可以继续溶解石膏而使地下水中的硫酸盐含量升高。而铁氢氧化物沉淀的出现也解释了一种现象:即在受到矿坑水污染的地下水中难以监测到高浓度重金属污染的原因。正是由于受污地下水与含水介质的进一步反应促进了铁氢氧化物[$Fe(OH)_3(a)$、$Fe(OH)_8$、针铁矿]沉淀产生。铁氢氧化物的出现不仅使得大量的重金属与之共沉淀而从地下水中移除,同时也对流经的地下水中重金属起到了良好的吸附效果。此外,与方解石和白云石发生共沉淀和混合稀释作用也是地下水中重金属浓度下降的重要因素。

§8 结论与建议

通过本次研究可以得出以下结论和认识。

作为研究区最主要的供水水源,娘子关泉多年平均流量 $9.4m^3/s$(1956—2005)。20 世纪 70 年代以来,由于周期性降水量的影响、岩溶区地下水开采量的不断增加,使补给区岩溶水水位不断下降,程家泉、石桥泉已干涸,水帘洞泉时干时续,排泄区泉水总流量同步减小。娘子关泉的最大年流量为 $14.3m^3/s$(1964),最小年流量为 $5.8m^3/s$(2006),流量极值之比接近 3∶1,51 年间(1956—2007)流量均方差为 $2.43m^3/s$,占多年平均流量的 22.5%。泉流量的多年变化具有周期性,51 年间泉流量动态曲线均出现比较明显的波峰及波谷,波峰或波谷之间的时间间隔各不相同。同样,在泉流量的多年分月统计数据来看,也存在这样的规律:泉水分月平均流量具有显著的波峰和波谷,呈不稳定的周期性变化。除 1985 年(0.42)和 1995 年(0.59)外,其余年份泉流量不稳定系数介于 0.7~0.9 之间。这与娘子关岩溶泉补给来源丰富,地下水径流稳定的认识是一致。

研究区岩溶地下水水位在 30 年间呈现逐渐下降的趋势。以会理深井为例,1981 年地下水水位标高为 404.33m,至 2006 年止已经下降为 391.45m。25 年间共下降了 12.88m,平均年水位下降幅度大于 0.5m。同样,位于径流-汇流区的上董寨深井在过去的 27 年间,地下水位共下降了 13.86m,年下降幅度达 0.513m。会理深井地下水水位年内月际变化较大,反映其补给来源比较单一,主要为降雨补给,具有显著的降雨补给滞后效应。而上董寨深井地下水水位年内变化相对较小,仅在每年的 9~10 月份形成一个较短的高值区间,反映了地下水主要来源于上游补给,降雨对地下水水位波动的影响仅局限于最高降雨量的滞后补给。而历年来逐渐增加的波峰值也说明由于地下水位持续下降,局部流动系统的地下水补给在该井处越来越具有重要的地位。

研究区五个主要岩溶泉在 20 世纪 80 年代水质基本变化不大,90 年代以后水质波动较大,且离子浓度有逐渐上升的态势,上升速度最大的是城西泉,硫酸盐和钙浓度最高值几乎达到 80 年代的 2 倍左右。岩溶泉中钙、镁和氯离子的浓度在总体上也呈现逐渐升高的趋势。与 20 世纪 80 年代相比,以上离子组分含量均在 90 年代中期开始出现一定程度的波动。可见在气候变化和人类活动的双重作用下,岩溶泉的水质状况已经受到了严重的影响,这种影响集中体现在含量变化和波动性加强上。无论是补给-径流区还是径流-汇流区的岩溶地下水主要离子组分均呈现逐渐增加的趋势,水质恶化现象明显。尤其是径流-汇流区地下水(上董寨),其硫酸盐和钙含量上升较 80 年代有一倍之多。

研究区岩溶地下水水位在阳泉和娘子关泉露头区域分别出现了两个低点,在平定—阳泉一带为最低,呈现西高、东低、中间低的特点。以上现象说明,从总体上来看,娘子关岩溶水系统的地下水径流关系为由西部、南部、北部呈扇状向中西部(阳泉-娘子关泉)汇集。由此可见,娘子关泉群作为研究区地下水总排泄点的特点并没有改变。但有所不同的是,由于过度开采地下水,导致在阳泉—平定一线形成了一个三角形的岩溶地下水降落漏斗。这表明在人类过度开采岩溶地下水后,娘子关岩溶水系统的地下水天然流场已经被破坏。在阳泉市—平定县一线形成的岩溶水降落漏斗水位标高仅有350m,该降落漏斗已经揭穿O_2f含水层,进入了O_2s含水层。这就意味着,位于其西部、南部和北部的石炭二叠系裂隙水、O_2f和O_2s岩溶水首先需要部分或全部补给这一漏斗区,然后才有可能继续沿中部径流-汇流区向下运移。事实上,由于该岩溶水漏斗的存在,位于其东部的岩溶地下水很有可能舍远求近而出现逆流经倒流补给漏斗区的现象。野外调查和地下水水位监测数据证明,在位于阳泉市以东的下白泉—龙庄附近已经逐渐出现了一条水丘,该水丘已经成为了一段"人造"岩溶地下水分水岭。可见漏斗区东部岩溶地下水经倒流补给的现象是存在的。据此,依据岩溶水系统地下水排泄特征,将研究区岩溶地下水系统划分为两个子区域,即西部的岩溶水降落漏斗子系统和东部的岩溶泉子系统(以上分区仅代表名称,并不代表西部的地下水与东部的地下水是完全独立的两个系统)。由于岩溶水系统地下水存在着多含水层共同供水的现象,因此西部的深层岩溶水完全可能在顶托补给漏斗区子系统的同时沿径流带运移补给岩溶泉子系统。

通过对桃河和温河沿岸岩溶地下水水化学特征的对比,重新认识了原来认为的径流-汇流区的地下水流场形态,认为:当磨峪山区域的局部补给区不能够提供补给水时,该处的岩溶地下水分水岭就会随之消失,此时,南部径流-汇流带受区域流动系统的补给作用而水位不断抬升,从而会使地下水向北部径流带运移,成为北部径流-汇流带的组成部分之一。但当有磨峪山地下水分水岭存在时,南、北两条径流-汇流带的地下水会沿各自的径流方向向娘子关运移,两者之间的水力联系微弱。城西泉在三线图中的位置远离沿温河岩溶地下水水样,这说明沿温河径流-汇流带岩溶地下水不可能成为城西泉的主要补给来源。而南径流-汇流带(桃河一线)的岩溶地下水和地表水普遍具有较低的SO_4^{2-}含量,从而有可能成为城西泉的主要补给来源之一,也恰好解释了城西泉硫酸盐含量较低的现象。坡底泉则以较近的距离与温河沿岸岩溶地下水水样聚集在一起,表明该处岩溶水是坡底泉的主要补给来源之一。

在岩溶泉中,由于程家泉(井)在散点图中远离于其他岩溶水样,它的补给水可能大部分来源于上游径流-汇流区岩溶水和地表水的混合补给,而其接受局部流动系统的补给微弱,以致于在同位素特征上得不到很好的体现。由水样$\delta D - \delta^{18}O$散点图,五龙泉、苇泽关泉和水帘洞泉均处于左下角,其值均较负,因此不存在地表水补给的可能性。而坡底泉、城西泉和部分岩溶地下水水样聚集在一起,其接受地表水补给的可能性较大。

从苇泽关泉月流量动态看,月际波动频率比较高,但其波动范围比较窄。说明其对降雨变化的敏感度比较高,也即对单次降雨的响应度比较高。其较窄的波动范围说明其补给面积和补给途径均比较稳定,受环境因素干扰程度低。但从泉流量长期变化来看,不具有与降雨量相匹配的显著的周期性特征,因此其补给范围不可能是来自区域流动系统。而其较为稳定的泉流量也说明其补给来源具有非局部性的特点。基于以上分析,认为苇泽关泉主要由来自中间和局部流动系统的来源水补给。

与苇泽关泉相比而言,五龙泉的月流量变化相对比较平滑,体现了其对大气降水周期性变化的响应度较苇泽关泉高,比较而言,后者接受区域流动系统补给的程度要高于前者,但其月际波动在一定程度上也是存在的,说明尚存在局部流动系统来源的短流径、短历时岩溶水的补给。同时五龙泉相对较低的稳定系数(0.65),表明其补给来源存在多种形式或补给面积、补给途径不稳定。而其逐渐减小的泉流量也表明,该泉的补给在近年来受到了地下水过度开采的影响,尤其是在苇泽关泉和城西泉流量均上升的情况下,其流量却呈下降的态势。因此可以初步判定,五龙泉由区域流动系统和局部流动系统共同补给,但在人类活动的影响下,区域流动系统的补给源、补给面积和补给途径的不确定性增加,导致泉流量不能维持正常水平。

水帘洞泉主要由运移到 O_2x 含水层中的岩溶"优势流"补给。此外,水帘洞泉的流量动态特征也为这种分析结果做了一个良好的标注。由于其补给来源为岩溶"优势流"补给,因此水帘洞泉流量动态极其不稳定,在主要降雨滞后集中补给时流量极大,一旦进入枯水期后,就很容易失去补给来源而迅速衰减甚至断流,为一间歇性岩溶泉。

据此,岩溶水系统可划分为南部补给-径流区、北部补给-径流区、西部滞流区、中部降落漏斗区、东部径流-汇流区和排泄区6个水动力区。其中,中部降落漏斗区以降落漏斗边界为界定,向东直至下白泉—龙庄附近的水丘(人造地下水分水岭)。

岩溶水系统地下水水化学空间演化特征为,低离子含量的 $HCO_3-SO_4-Ca-Mg$ 或 $HCO_3-Ca-Mg$ 型裂隙水和低—中等离子含量的 $HCO_3-SO_4-Ca-Mg$ 型岩溶裂隙水在其向下游运移的过程中,除固有的水-岩相互作用外,由于受采矿活动、地表水和生活污水渗漏补给的影响,其离子组分含量不断上升,最终成为 SO_4 型、SO_4-HCO_3 型、SO_4-HCO_3-Cl 型水。在降落漏斗区,不同来源的地下水混合开采;而在泉群集中排泄区,区域流动系统与局部流动系统的地下水发生混合作用,最终形成了水质相对良好的 $HCO_3-SO_4-Ca-Mg$ 型或 $SO_4-HCO_3-Ca-Mg$ 型岩溶泉水。

在地下水由补给区向排泄区运移的过程中,方解石和白云石的 SI(饱和指数)值呈增加趋势,由最初 $SI<0$ 逐渐转化为 $SI>0$,地下水对方解石和白云石也由最初的溶解作用演变为沉淀再结晶。此时,地下水中石膏的饱和指数也呈现相似的增长趋势,但仅有石膏不断地发生溶解反应,不会出现石膏沉淀现象,但在采煤活动严重影响区域,石膏的沉淀还是有可能的。地球化学模拟表明,在碳酸盐岩含水层中,地下水初始以方解石(白云石)的溶解为主,随着石膏溶解数量的增加,方解石(白云石)的溶解开始受到抑制,进而发生沉淀,石膏的溶解成为控制地下水水化学成分形成的主导过程。

当高浓度的矿坑水混入时,地下水相对石膏过饱和;铁氢氧化物也呈现过饱和状态;地下水对碳酸盐岩含水介质的溶蚀能力得到了增强。随着水-岩相互作用程度的加深,铁氢氧化物沉淀,通过共沉淀和吸附作用去除了地下水中的重金属类污染物;地下水对方解石和白云石的溶解趋缓并逐渐发生沉淀。

随着我国社会经济的发展,岩溶水资源对于我国缺水地区的供水意义日益显著;在全球变化和人类活动的双重影响下,岩溶环境问题对于区域经济社会可持续发展的约束日益突出。因此,需要进一步深入开展我国岩溶水系统地球化学演化研究。建议在以下方向加强研究工作。

(1)由于受收集资料数量的限制,对于岩溶水系统在年或月为度量单位的精细时间尺度上的演化认识还需要加强。

(2)岩溶水系统中污染物数量众多、种类复杂,开展岩溶水系统中污染物的地球化学行为研究对于预防和控制岩溶水系统污染具有重要意义。

(3)随着全球变化和人类活动范围的不断扩大,岩溶水系统经受干扰的程度和频率也相应地增加。采取何种措施和方法来削减及避免人类活动对岩溶水系统演化的不利影响,从而实现岩溶水资料开发利用的可持续化,是今后研究的主要内容之一。

附表1 研究区水样水化学常量组分数据表(2007年数据)

编号	水样类型	水温(℃)	pH	电导率(μs/cm)	K$^+$(mg/L)	Na$^+$(mg/L)	Ca^{2+}(mg/L)	Mg^{2+}(mg/L)	SO$_4^{2-}$(mg/L)	Cl$^-$(mg/L)	HCO$_3^-$(mg/L)	NO$_3^-$(mg/L)	TDS(mg/L)
0701	岩溶水	18.0	7.22	886	0.03	5.29	152.3	40.04	290.5	7.37	280.4	16.40	874.9
0702	岩溶水	19.5	7.12	1693	0.44	31.91	279.7	72.92	750.3	28.36	283.5	25.30	1709.5
0703	岩溶水	18.5	7.53	634	0.02	6.19	75.08	23.59	48.41	11.91	256.1	28.13	476.3
0704	岩溶水	18.0	7.46	461	0.01	4.49	63.15	20.11	10.24	9.93	265.4	13.67	396.7
0705	岩溶水	16.0	7.52	467	0.01	4.03	66.43	24.03	9.52	9.93	285.6	23.81	436.8
0706	矿坑水	16.0	7.81	840	0.01	17.91	120.8	31.34	246.5	24.39	206.4	15.67	751.4
0707	孔隙水	21.0	7.54	937	0.06	19.88	136.3	35.25	288.6	20.56	207.4	36.09	855.2
0708	孔隙水	20.0	7.54	1025	0.05	24.74	154.2	35.44	280.3	25.67	265.4	45.40	941.7
0709	裂隙水	18.0	7.32	762	0.01	17.68	99.96	30.55	132.4	32.61	272.1	16.08	653.2
0710	岩溶水	19.0	7.27	959	0.02	10.23	137.3	49.55	257.2	17.73	311.2	28.77	917.1
0711	岩溶水	18.0	7.22	1300	0.02	18.28	202.2	60.30	486.4	19.14	280.4	35.49	1270.4
0712	煤矸石山渗滤液	14.0	7.39	1252	0.50	91.79	141.2	38.50	469.1	21.27	194.1	41.27	1152.3
0713	岩溶水	20.0	7.23	1703	2.28	69.83	226.8	47.60	386.5	140.8	240.4	149.19	1432.3
0714	地表水	28.0	7.81	2470	11.70	121.9	331.0	72.75	976.5	18.58	388.3	77.37	2274.6
0715	岩溶水	20.0	7.33	1584	2.45	58.07	214.8	42.45	68.29	154.6	539.3	143.23	1362.6
0716	地表水	29.0	7.48	1725	9.61	137.1	153.9	46.68	489.3	76.57	237.3	106.81	1417.5
0717	岩溶水	20.0	7.34	1543	3.61	98.37	181.9	36.69	403.6	41.83	305.1	123.80	1320.9
0718	地表水	28.0	10.12	1489	6.94	130.8	116.7	40.71	470.1	143.9	23.11	69.46	1160.0
0719	岩溶水	18.0	7.48	1653	3.99	98.34	180.3	49.09	306.8	153.6	308.2	109.78	1338.7
0720	岩溶泉	18.0	7.52	851	0.76	29.53	99.44	31.04	96.13	54.59	261.9	60.03	692.5
0721	岩溶泉	19.0	7.50	926	0.55	33.42	107.8	34.84	108.5	64.52	277.3	69.15	765.6
0722	岩溶泉	22.0	7.44	944	0.83	35.79	116.5	37.39	178.1	64.80	277.3	29.74	817.4
0723	岩溶泉	22.0	7.36	944	0.49	35.04	115.2	36.69	178.3	67.36	258.8	30.32	797.1
0724	岩溶水	20.0	6.04	2260	4.36	41.52	280.5	76.39	452.3	362.9	0.00	194.60	1564.3
0725	岩溶水	18.0	7.51	773	0.01	8.17	129.1	37.18	243.1	15.03	246.5	24.85	771.7
0726	岩溶水	18.0	7.36	1089	0.49	29.38	142.9	42.46	250.3	77.99	209.5	67.39	925.6

续附表 1

编号	水样类型	水温 (℃)	pH	电导率 (μs/cm)	K^+ (mg/L)	Na^+ (mg/L)	Ca^{2+} (mg/L)	Mg^{2+} (mg/L)	SO_4^{2-} (mg/L)	Cl^- (mg/L)	HCO_3^- (mg/L)	NO_3^- (mg/L)	TDS (mg/L)
0727	岩溶水	18.0	7.65	1068	0.14	37.35	198.1	32.75	249.3	146.1	274.3	30.29	1075.1
0728	地表水	22.0	7.50	722	0.01	9.49	94.27	33.83	229.0	19.71	129.4	30.37	607.7
0729	岩溶水	18.0	7.98	479	0.27	10.59	67.44	11.51	81.25	15.60	144.8	15.38	388.6
0730	地表水	24.0	7.75	1645	2.48	83.11	212.6	60.62	615.7	51.76	240.4	69.22	1549.7
0731	岩溶水	18.0	7.55	845	0.28	9.20	138.6	30.37	241.4	18.43	212.6	51.71	800.5
0732	地表水	22.0	7.50	1239	3.93	18.99	219.2	30.61	574.4	31.91	61.63	43.74	1170.9
0733	孔隙水	13.2	7.34	1587	1.43	40.01	238.5	51.88	347.6	112.3	320.5	147.10	1399.4
0734	地表水	23.8	8.32	1454	7.23	45.53	198.1	45.91	531.5	77.42	132.5	39.81	1264.7
0735	岩溶水	18.2	7.53	1033	0.16	14.20	156.1	46.05	63.27	21.27	582.4	49.48	1048.0
0736	岩溶水	17.3	7.37	1637	1.51	51.08	244.3	67.33	638.5	53.46	255.8	66.49	1589.4
0737	岩溶水	18.6	7.86	1320	0.31	69.88	121.0	44.27	52.6	244.2	209.5	85.11	883.5
0738	岩溶水	16.8	7.70	957	0.92	35.06	121.6	31.17	153.3	63.67	249.6	68.54	800.4
0739	岩溶水	18.2	7.48	804	0.64	40.14	98.53	17.14	86.3	63.81	231.1	50.46	642.7
0740	岩溶水	18.2	6.98	2360	3.23	83.02	331.5	77.10	558.5	334.6	280.4	65.39	1939.0
0741	裂隙水	15.5	7.71	550	0.02	8.18	84.32	14.69	77.06	16.45	166.4	62.96	478.0
0742	矿坑水	22.0	8.14	2380	2.73	392.3	107.8	53.99	769.4	100.7	465.3	33.32	2171.8
0743	矿坑水	22.0	8.04	4090	5.92	853.9	111.5	45.68	1645	45.23	662.5	27.35	3843.6
0744	矿坑水	22.0	7.74	1172	0.43	25.48	184.4	52.38	429.5	26.09	252.7	54.83	1182.4
0745	矿坑水	22.0	3.80	4670	3.88	856.9	411.0	362.2	4217	12.41	0.00	0.00	6961.1
0746	矿坑水	22.0	7.98	965	0.67	29.49	120.3	32.62	128.3	51.05	240.4	117.66	799.1
0747	岩溶泉	18.9	8.40	920	0.58	34.92	104.4	36.17	203.1	64.38	200.3	29.64	748.9
0748	地表水	22.0	8.25	967	1.26	36.23	117.9	36.73	289.5	17.58	246.5	0.98	826.5
0749	岩溶泉	19.0	7.77	924	0.68	28.15	119.5	36.50	201.3	52.18	246.5	39.34	808.7
0750	岩溶水	18.0	8.14	1314	2.59	65.04	157.6	49.16	530.2	60.97	92.45	44.22	1177.0
0751	雨水	18.0	6.66	191	0.01	0.01	23.07	1.17	30.26	3.83	12.33	4.32	105.7

附表 2 研究区水样水化学微量组分数据表

水化学参数 样品编号	B (μg/L)	Ba (μg/L)	Co (μg/L)	Fe (μg/L)	Mn (μg/L)	Pb (μg/L)	Si (mg/L)	Sr (mg/L)
0701	10	50	—	1230	10	—	5.28	1.24
0702	20	10	—	40	—	10	3.06	1.74
0703	—	100	—	150	10	—	2.96	0.47
0704	—	80	—	10	—	10	2.8	0.29
0705	—	40	—	930	10	40	3.71	0.15
0706	20	50	10	10	130	10	4.22	1.37
0707	30	70	—	40	10	—	4.16	1.58
0708	30	60	—	120	40	—	4.07	1.23
0709	10	60	—	20	—	—	4.65	0.82
0710	10	20	—	710	10	—	3.43	3.11
0711	10	10	—	1120	20	—	3.14	1.66
0712	10	50	—	10	20	10	2.76	2.16
0713	310	40	—	20	10	—	3.76	0.91
0714	210	90	—	20	30	—	5.54	2.64
0715	40	50	—	30	—	—	4.15	0.83
0716	80	60	—	10	460	—	4.1	1.56
0717	50	60	—	210	—	—	3.96	0.9
0718	100	50	—	10	—	10	2.74	1.28
0719	70	40	—	870	—	—	3.68	0.79
0720	140	90	—	10	—	—	3.27	1.32
0721	50	40	—	30	—	—	3.14	1.59
0722	60	40	—	20	—	20	3.31	1.75
0723	50	40	—	10	—	—	3.22	1.69
0724	—	60	—	30	10	—	3.75	1.29
0725	—	70	—	800	10	—	3.79	1.06
0726	20	50	—	30	—	—	3.29	0.84

续附表 2

水化学参数 样品编号	B (μg/L)	Ba (μg/L)	Co (μg/L)	Fe (μg/L)	Mn (μg/L)	Pb (μg/L)	Si (mg/L)	Sr (mg/L)
0727	—	60	—	40	—	—	3.56	0.82
0728	—	40	—	10	—	—	2.95	0.68
0729	—	110	—	10	—	—	2.11	0.49
0730	50	40	—	10	810	—	3.17	2.92
0731	10	40	—	20	—	—	2.92	0.78
0732	70	40	—	50	20	—	0.79	0.98
0733	30	30	—	120	—	—	3.91	1.16
0734	130	50	—	10	—	—	2.51	1.6
0735	10	30	—	260	—	—	3.38	1.42
0736	40	20	—	30	—	—	3.61	1.43
0737	10	90	—	40	—	—	3.25	0.92
0738	20	90	—	70	—	—	3.35	0.82
0739	30	110	—	40	—	—	3.49	0.63
0740	70	20	—	10	980	—	4.38	2.2
0741	10	80	—	10	—	—	2.9	0.69
0742	40	40	10	150	560	—	2.98	2.31
0743	80	20	—	80	420	—	2.98	3.57
0744	60	20	—	10	—	—	3.46	2.85
0745	230	50	450	211 100	26 110	120	12.64	5.23
0746	20	80	—	110	10	—	4.79	1.08
0747	60	40	—	10	—	—	3.08	1.61
0748	130	60	—	10	—	—	3.23	1.68
0749	110	60	—	10	—	—	3.16	2
0750	70	30	—	20	—	—	1.42	4.75
0751	—	50	—	120	—	—	0.9	0.06

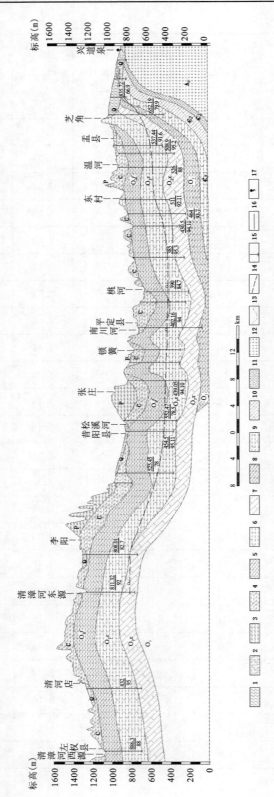

附图1 娘子关岩溶水系统左权—盂县兴道泉水文地质剖面图（据阳泉市水利局,2004）

1.第四纪黄土;2.第四纪砂砾石层;3.二叠纪砂泥岩、页岩;4.石炭纪泥岩、砂岩、灰岩;5.中奥陶世峰峰组碳酸盐岩;6.中奥陶世上马家沟组碳酸盐岩;7.中奥陶世下马家沟组碳酸盐岩;8.下奥陶世冶团块白云岩;9.上寒武世白云岩、灰质白云岩;10.中寒武世鲕状灰岩;11.下寒武统;12.页岩;13.地层界线;14.岩溶地下水位;15.水文地质钻孔;16.上部:岩溶地下水位标高(m),下部:水位观测时间(年、月);17.岩溶泉水

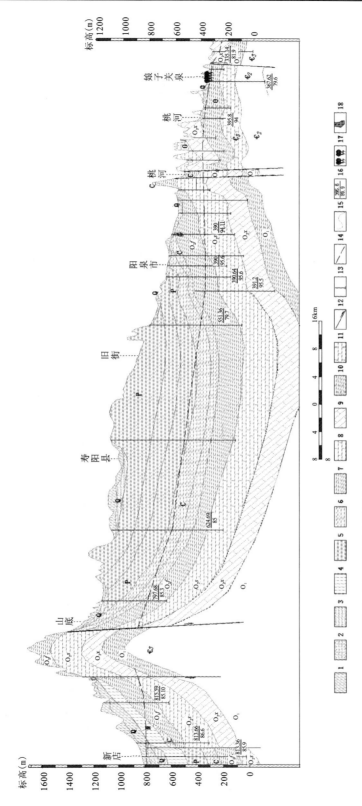

附图 2 娘子关岩溶水系统太原山—寿阳东山—娘子关水文地质剖面图（据阳泉市水利局，2004）

1. 第四纪黄土；2. 第四纪砂黏土；3. 第四纪砾石层；4. 新近纪红土；5. 二叠纪砂泥岩、页岩；6. 石炭纪泥岩、砂岩、灰岩；7. 中奥陶世峰峰组碳酸盐岩；8. 中奥陶世上马家沟组碳酸盐岩；9. 中奥陶世下马家沟组碳酸盐岩；10. 下奥陶世冶白云岩；11. 上寒武世白云岩、灰质白云岩；12. 断层；13. 水文地质钻孔；14. 岩溶地下水位；15. 地层界线；16. 上部：岩溶地下水位标高(m)，下部：水位观测时间(年.月)；17. 娘子关泉水；18. 岩溶陷落柱

主要参考文献

曹剑锋,冶雪艳,王福刚,等.河南境内黄河流域地下水系统划分与系统分析[J].吉林大学学报(地球科学版),2002,32(3):251-254.

柴崎达雄,王秉忱,等译.地下水盆地管理[M].北京:地质出版社,1982.

晁念英,刘存富,万军伟,等.同位素水文学最新研究进展[M].武汉:中国地质大学出版社,2006.

陈爱光,徐恒力,等.地下水系统与地下水系统分析[M].中国地质大学水文地质教研室,1987.

陈梦熊,马凤山.中国地下水资源与环境[M].北京:地震出版社,2002.

陈梦熊.地下水资源与地下水系统研究[J].长春地质学院学报(水文地质专辑),1984,17:51-55.

崔亚莉,邵景力,李慈君,等.玛纳斯河流域山前平原地下水系统分析及其模拟[J].水文地质工程地质,2003,5:18-22.

段光武,梁永平.应用^{34}S同位素分析阳泉市岩溶地下水硫酸盐污染[J].西部探矿工程,2006,18(1):100-103.

关碧珠,唐健生,梁彬.中国北方岩溶水主要污染类型和污染原因分析[J].//中国地质学会岩溶地质专业委员会编.中国北方岩溶和岩溶水研究[M].桂林:广西师范大学出版社,1993.

郭清海,王焰新,马腾,等.山西岩溶大泉近50年的流量变化过程及其对全球气候变化的指示意义[J].中国科学(D辑):地球科学,2005,35(2):167-175.

郭清海,王焰新.水文地球化学信息对岩溶地下水流动系统特征的指示意义——以山西神头泉域为例[J].地质科技情报,2006,25(3):85-88.

郭占荣,尹宝瑞.娘子关泉域地下水污染及其对策[J].环境科学动态,1997(1):8-10,13.

韩行瑞,梁永平.北方岩溶地区水资源科学调配——以娘子关泉域为例[J].中国岩溶,1989,8(2):127-142.

韩行瑞,鲁荣安,李庆松.岩溶水系统——山西岩溶大泉研究[M].北京:地质出版社,1993.

胡进武,王增银,周炼,等.岩溶水锶元素水文地球化学特征[J].中国岩溶,2004,23(1):37-42.

郎赟超,刘丛强,韩贵琳,等.贵阳市区地表/地下水化学与锶同位素研究[J].第四纪研究,2005,25(5):655-662.

李纯纪.娘子关泉岩溶水动力特征[J].山西水利科技,2005,(1):44-45.

李俊云,李红春,刘子琦,等.贵州中西部洞穴水系与碳酸钙沉积物的 Mg/Sr 比值和地球化学特征[J]. 中国岩溶,2006,25(3):177-186.

李文鹏,周宏春,周仰效,等. 中国西北典型干旱区地下水流系统[M]. 北京:地震出版社,1995.

李义连,王焰新,张江华. 娘子关泉域岩溶水硫酸盐污染的地球化学模拟分析[J]. 地球科学——中国地质大学学报,2000,25(5):467-471.

李义连,王焰新,周来茹,等. 地下水矿物饱和度的水文地球化学模拟分析——以娘子关泉域岩溶水为例[J]. 地质科技情报,2002,21(1):32-36.

李义连,王焰新. 娘子关泉域岩溶地下水 SO_4^{2-}、Ca^{2+}、Mg^{2+} 污染分析[J]. 地质科技情报,1998,17(A02):111-114.

李义连. 山西娘子关岩溶水系统地球化学演化及模拟[D]. 武汉:中国地质大学博士学位论文,1999.

李振拴. 中国北方喀斯特水源地勘探方法研究——延河泉域喀斯特水系统资源评价[M]. 北京:煤炭工业出版社,2000.

李智才. 近50年来阳泉气温变化时空特征[J]. 山西气象,2001,12:24-27.

梁杏,宋胜武,等. 溪洛渡水电站坝址区地下水流动系统分析[J]. 地质科技情报,2002,21(1):14-18.

梁永平,韩行瑞. 优化技术在娘子关泉域岩溶地下水开采资源量评价与管理中的应用[J]. 水文地质工程地质,2006,33(4):67-71.

刘再华. 娘子关泉群水的来源再研究[J]. 中国岩溶,1989,8(3):200-207.

卢耀如. 岩溶水文地质环境演化与工程效应研究[M]. 北京:科学出版社,1999.

马腾,王焰新. U(Ⅵ)在浅层地下水系统中迁移的反应-输运耦合模拟——以我国南方核工业某尾矿库为例[J]. 地球科学——中国地质大学学报,2000,25(5):456-461.

宁维亮. 娘子关泉域水资源管理目标及实施对策[J]. 山西水利科技,1996,(4):59-60.

平定县水资源管理委员会,山西省地矿局环境地质总站. 娘子关泉水帘洞泉断流原因研究报告[R]. 1993.

山西省第一水文地质工程地质大队,阳泉市水资源管理委员会. 阳泉市环境水文地质研究报告[R]. 1989.

山西省娘子关泉域岩溶水研究领导组. 山西省娘子关泉域岩溶水评价及其开发利用评价报告[R]. 1983.

沈照理,朱宛华,钟佐燊. 水文地球化学基础[M]. 北京:地质出版社,1993.

施雅风,张祥松. 气候变化对西北干旱区地表水资源的影响和未来趋势[J]. 中国科学(B),1995,25(9):968-977.

孙连发,王焰新,马腾,等. 应用泉钙华环境记录和地下水流动系统探讨娘子关泉群演变历史[J]. 地球科学——中国地质大学学报,1997,22(6):648-651.

唐健生,韩行瑞. 山西岩溶大泉水文地球化学研究[J]. 中国岩溶,1991,4:262-276.

唐领余. 试论我国华北地区第四纪冰期间冰期气候的孢粉组合特征[J]. 冰川冻土,1981,3(3):17-22.

万军伟,等. 同位素水文学理论与实践[M]. 武汉:中国地质大学出版社,2003.

汪玉松,王增银,胡进武,等. 山西省郑庄地区浅部地下水 $\rho(Ca)/\rho(Sr)$ 和 $\rho(Mg)/\rho(Sr)$ 分布特征及其地热示踪意义[J]. 地质科技情报,2004,23(4):105-108.

王焰新,高红波. 指示娘子关泉群水动力环境的水化学-同位素信息分析[J]. 水文地质工程地质,1997,24(3):1-5,9.

王焰新,高旭波. 人类活动影响下娘子关泉域地下水地球化学演化[J]. 中国岩溶,2009.

王焰新,李永敏. 山西柳林泉域水-岩相互作用地球化学模拟[J]. 地球科学——中国地质大学学报,1998,23(5):519-523.

王焰新,孙连发,邓安利,等. 水质监测在识别水动力条件中的作用[J]. 地质科技情报,1995,14(3):84-87.

王焰新,文冬光. 深部地下水的起源及其成矿作用[J]. 地学前缘,1996,3(4):274-281.

王焰新. 地下水污染与防治[M]. 北京:高等教育出版社,2007.

王增银,刘娟,崔银祥,等. 延河泉岩溶水系统 Sr/Mg、Sr/Ca 分布特征及其应用[J]. 水文地质工程地质,2003,2:15-19.

阳泉市水利局. 阳泉市水资源供需分析及对策[R]. 1998.

阳泉市水利局. 阳泉市水资源规划、管理研究[R]. 1992.

阳泉市水利局. 阳泉市水资源评价报告[R]. 2004.

阳泉市水资源管理委员会. 山西省阳泉市地下水资源评价报告[R]. 1987.

张虎才. 元素表生地球化学特征及理论基础[M]. 兰州:兰州大学出版社,1997.

张人权,梁杏,靳孟贵. 当代水文地质学发展趋势与对策[J]. 水文地质工程地质,2005,32(1):51-55.

张人权. 关于水文地质学的一些思考[J]. 地质科技情报,2002,21(1):3-6.

张宗祜,施德鸿,沈照理,等. 人类活动影响下华北平原地下水环境的演化与发展[J]. 地球学报,1997,18(6):337-344.

中国地质调查局. 供水水文地质勘查规范(GB 50027-2001)[S]. 2001.

周仰效. 山西娘子关裂隙岩溶地下水系统的概念模型[J]. 地质力学学报,1987,2:127-136.

朱峰. 山西沁水煤田煤层气分布特征与开发前景[C]. //中国煤炭学会煤田地质专业委员会与中国地质学会矿井地质专业委员会. 世纪之交煤矿地质学术论文集[M]. 西安:西安地图出版社,1999.

Ahlfeld, Mulligan. Optimal management of flow in groundwater systems[M]. New York:Academic Press,2000.

Alan, Mark. Solute and isotopic geochemistry and ground water flow in the central Wasatch Range, Utah[J]. Journal of Hydrology,1995,172(1-4):31-59.

Allen D M, Mackie D C, Wei M. Groundwater and climate change:a sensitivity analysis for the Grand Forks aquifer, southern British Columbia, Canada[J]. Hydrogeology Journal,2004,12(3):1-47.

Alley, Healy, LaBaugh, et al. Flow and Storage in Groundwater Systems[J]. Science,2002,296(5575):1985-1990.

Ayenew, Demlie, Wohnlich. Application of numerical modeling for groundwater flow system analysis in the Akaki catchment, central Ethiopia[J]. Mathematical Geology,2008,40

(8):887-906.

Ball, Nordstrom. WATEQ4F - User's manual with revised thermodynamic data base and test cases for calculating speciation of major, trace and redox elements in natural waters[R]. U S Geological Survey Open - File Report, 1991:90 - 129.

Banner JL, Musgrove M, Capo RC. Tracing ground - water evolution in a limestone aquifer using Sr isotopes: effects of multiple sources of dissolved ions and mineral - solution reactions[J]. Geology, 1994, 22:687 - 690.

Bauer M, Eichinger L, Elsass P, et al. Isotopic and hydrochemical studies of groundwater flow and salinity in the Southern Upper Rhine Graben[J]. International Journal of Earth Sciences, 2005, 94(4):565 - 579.

Binning, Celia. Pseudokinetics arising from the upscaling of geochemical equilibrium[J]. Water Resour. Res., 2008, 44, W07410. Doi:10.1029/2007WR006147.

Blum JD, Erel Y, Brown K. $^{87}Sr/^{86}Sr$ ratios of Sierra Nevada stream waters: implications for relative mineral weathering rates[J]. Geochimica et Cosmochimica Acta, 1994, 57:5019 - 5025.

Bohlke JK, Horan M. Strontium isotope geochemistry of groundwaters and streams affected by agriculture, Locust Grove, MD[J]. Applied Geochemistry, 2000, 15:599 - 609.

Bouraoui F, Vachaud G, Li LZX, et al. Evaluation of the impact of climate changes on water storage and groundwater recharge at the watershed scale[J]. Climate Dynamics, 1999, 15:153 - 161.

Brenot Agn, Baran Nicole, Petelet Giraud Emmanuelle, et al. Interaction between different water bodies in a small catchment in the Paris basin: Tracing of multiple Sr sources through Sr isotopes coupled with Mg/Sr and Ca/Sr ratios[J]. Applied Geochemistry, 2008, 23(1):58 - 75.

Brouyere S, Carabin G, Dassargues A. Climate change impacts on groundwater resources: modelled deficits in a chalky aquifer, Geer basin, Belgium[J]. Hydrogeology Journal, 2004, 12(2):123 - 134.

Bullen TD, Krabbenhoft DP, Kendall C. Kinetic and mineralogic controls on the evolution of groundwater chemistry and $^{87}Sr/^{86}Sr$ in a sandy silicate aquifer, northern Wisconsin, USA[J]. Geochimica et Cosmochimica Acta, 1996, 60:1807 - 1821.

Carrillo Rivera, J J, Cardona A, et al. Importance of the vertical component of groundwater flow: A hydrogeochemical approach in the valley of San Luis Potosí, Mexico[J]. Journal of Hydrology, 1996, 23:23 - 44.

Carrillo Rivera. Groundwater evaluation in thick aquifer units: theory and practice in mexico, 33rd IAH congress. Groundwater Flow Understanding from Local to Regional Scales [R]. Programa Final, Mexico, Oct., 2004.

Chaudhuri S. Strontium isotopic composition of several oilfield brines in sedimentary basins[J]. Geochimica et Cosmochimica Acta, 1978, 42:329 - 331.

Christopher MM, Robert BD, Patricio IM, et al. Isotopic evidence for hydrologic change related to the westerlies in SW Patagonia,Chile,during the last millennium[J]. Quaternary Science Reviews,2008,27(13 - 14):1335 - 1349.

Cicero,Lohmann. Sr/Mg variation during rock - water interaction:Implications for secular changes in the elemental chemistry of ancient seawater[J]. Geochimica et Cosmochimica Acta,2001,65(5):741 - 761.

Clark Fritz. Environmental Isotopes in Hydrogeology[M]. New York:Lewis,1997.

Datta PS,Bhattacharya SK,Tyagi SK. ^{18}O studies on recharge of phreatic aquifers and groundwater flow - paths of mixing in Delhi area[J]. Journal of Hydrology,1996,176:25 - 36.

Datta PS,Tyagi SK,Chandrasekharan H. Factors controlling stable isotopic composition of rainfall in New Delhi,India[J]. Journal of Hydrology,1991,128:223 - 236.

Deutsch. Groundwater geochemistry:fundamentals and applications to contamination [M]. New York:Lewis Publishers,1997.

Dzhamalov,Zlobina. Precipitation pollution effect on groundwater hydrochemical regime [J]. Environmental Geology,1995,25(1):65 - 68.

Edmunds WM. Geochemical indicator in the groundwater environment of rapid environmental change[M].//Kharaka & Chudaev(Eds.). Water - Rock Interaction. Rotterdam: Balkema,1993:3 - 8.

Engelen G B,Jones G P. Developments in the analysis of groundwater flow system[M]. Amsterdam:IAHS Press,1986.

Farid MSM,Atta S,Rashid M,et al. Impact of the Reuse of domestic waste water for irrigation on groundwater quality[J]. Water Science & Technology WSTED4,1993,27(9):147 - 157.

Faure. Principles of isotope geology[M]. New York:John Wiley & Sons,1986.

Freeze,Cherry. Groundwater[M]. Prentice - Hall,Inc,Englewood Cliffs,New Jersey, 1979.

Fritz,Fontes. Handbook of Environmental Isotope Geochemistry Volume 1[M]. Elsevier Scientific Publishing Company,1980.

Gao XB,Yanxin Wang,Yilian Li,et al. Enrichment of fluoride in groundwater under the impact of saline water intrusion at the salt lake area of Yuncheng Basin,northern China[J]. Environmental Geology,2007,53:795 - 803.

Garrels RM,Mackenzie FT. Origin of the chemical composition of springs and lakes,in Equilibrium concepts in natural water systems:American Chemical Society[J]. Advances in Chemistry,1967,67:222 - 242.

Garrels,Christ. Solutions, minerals and equilibria[M]. New York:Harper and Row, 1965.

Ghomshei MM,Allen DM. Hydrochemical and stable isotope assessment of tailings pond leakage,Nickel Plate Mine,British Columbia[J]. Environmental Geology,2000,39(8):937 - 944.

Glynn, Reardon. Solid - solution aqueous - solution equilibria - Thermodynamic theory and representation[J]. American Journal of Science, 1990, 290: 164 - 201.

Goldstein S J, Jacobsen S B. The Nd and Sr isotopic systematics of river water dissolved material: implications for the sources of Nd and Sr in seawater[J]. Chem. Geol. (Isotope Geoscience Section), 1987, 66: 245 - 272.

Heidel C, Tichomirowa M, Matschullat J. Lead and strontium isotopes as indicators for mixing processes of waters in the former mine "Himmelfahrt Fundgrube", Freiberg (Germany)[J]. Isot. Env. H, 2007, 43: 339 - 354.

Hendricks Franssen, Alcolea, Riva, et al. A comparison of seven inverse methods for modeling groundwater flow in mildly to strongly heterogeneous aquifers[C]. Geophysical Research Abstracts EGU2009 - 10207, 2009, 11.

Hodges, Degrazia, Baedke, et al. The use of aqueous geochemistry as an indicator of flow system interaction within a beach - ridge complex of Lake Huron[C]. Geological Society of America, Denver, CO, 2007.

Horst A, Mahlknecht J, Merkel B J. Estimating groundwater mixing and origin in an overexploited aquifer in Guanajuato, Mexico, using stable isotopes (strontium - 87, carbon - 13, deuterium and oxygen - 18)[J]. Isot. Env. H., 2007, 43: 323 - 338.

Keren R, Bingham FT. Boron in water, soils, and plants[J]. Advances in soil sciences (USA), 1985, 1: 229 - 276.

Khadilkar, Al - Dahhan, Duduković. Multicomponent Flow - Transport - Reaction Modeling of Trickle Bed Reactors: Application to Unsteady State Liquid Flow Modulation[J]. Amer. Chem. Res., 2005, 44(16): 6354 - 6370.

Koshi Nishimura. A trace - element geochemical model for imperfect fractional crystallization associated with the development of crystal zoning[J]. Geochimica et Cosmochimica Acta, 2009, 73(7): 2142 - 2149.

Krabbenhoft D P, Bowser C J, Anderson M P, et al. Estimating groundwater exchange with lakes 1. The stable isotope mass balance method[J]. Water Resour. Res., 1990, 26: 2445 - 2453.

Land, Ingri, Andersson, et al. Ba/Sr, Ca/Sr and $^{87}Sr/^{86}Sr$ ratios in soil water and groundwater: implications for relative contributions to stream water discharge[J]. Applied geochemistry, 2000, 15(3): 311 - 325.

Leung C M, Jiao J J. Use of strontium isotopes to identify buried water main leakage into groundwater in a highly urbanized coastal area[J]. Environ. Sci. Technol., 2006, 40: 6575 - 6579.

Lloyd. Hydrochemistry and groundwater flow patterns in the vicinity of Stratford - upon - Avon. Quarterly[J]. Journal of Engineering Geology and Hydrogeology, 1976, 9(4): 315 - 326.

Mazor, Drever, Finley, et al. Hydrochemical implications of groundwater mixing: an example from the southern laramie basin, wyoming[J]. Water Resour. Res., 1993, 29(1): 193 -

205.

McNutt RH, Frape SK, Fritz P, et al. The $^{87}Sr/^{86}Sr$ value of Canadian Shield brines and fracture minerals with applications to groundwater mixing, fracture history, and geochronology[J]. Geochimica et Cosmochimica Acta, 1990, 54: 205 - 215.

Merkel, Planer - Friedrich. 地下水地球化学模拟的原理及应用[M]. 王焰新, 译. 武汉: 中国地质大学出版社, 2005.

Mihealsick, Christine, Banner, et al. Applications of Mg/Ca and Sr/Ca ratios to groundwater evolution in the Edwards aquifer of central Texas[C]. Denver Annual Meeting (November 7 - 10, 2004), 2004: 136 - 139.

Molla Demlie, Stefan Wohnlich, Tenalem Ayenew. Major ion hydrochemistry and environmental isotope signatures as a tool in assessing groundwater occurrence and its dynamics in a fractured volcanic aquifer system located within a heavily urbanized catchment, central Ethiopia[J]. Journal of Hydrology, 2008, 353(1 - 2): 175 - 188.

Morris, Leeman, Tera. The subducted component in island arc lavas: constraints from Be isotopes and B - Be systematics[J]. Nature (London, U K), 1990, 344: 31 - 36.

Mukherjee, Fryar, Thomas. Geologic, geomorphic and hydrologic framework and evolution of the Bengal basin, India and Bangladesh[J]. Journal of Asian Earth Sciences, 2009, 34 (3): 227 - 244.

Murray F J. A human health risk assessment of boron (boric acid and borax) in drinking water[J]. Regul. Toxicol. Pharmacol. , 1995, 22: 221 - 230.

Négrel P, Petelet - Giraud E, Barbier J, et al. Surface water - groundwater interactions in an alluvial plain: chemical and isotopic systematics[J]. Journal of Hydrology, 2003, 277: 248 - 267.

Ojiambo S B, Lyons W B, Welch K A, et al. Strontium isotopes and rare earth elements as tracers of groundwater - lake water interactions, Lake Naivasha, Kenya[J]. Appl. Geochem. , 2003, 18: 1789 - 1805.

Paces, Ludwig, Peterman, et al. $^{234}U/^{238}U$ evidence for local recharge and patterns of groundwater flow in the vicinity of Yucca Mountain, Nevada, USA[J]. Applied Geochemistry, 2002, 17: 751 - 779.

Parkhurst, Plummer, Thorstenson. BALANCE - A computer program for calculating mass transfer for geochemical reactions in ground water[R]. U S: Geological Survey Water - Resources Investigations Report, 1982: 14 - 82.

Parkhurst, Thorstenson, Plummer. PHREEQE - A computer program for geochemical calculations[R]. U S: Geological Survey Water - Resources Investigations Report, 1980, 80 - 96.

Parkhurst. Geochemical mole - balance modeling with uncertain data[J]. Water Resources Research, 1997, 33(8): 1957 - 1970.

Plumer. Hydrogeologic framework of the Great Basin region of Nevada, Utah, and adjacent states, Regional Aquifer - System Analysis[R]. U S: Geological Survey Professional Paper,1996:1409-B.

Plummer,Prestemon,Parkhurst. An interactive code(NETPATH)for modeling net geochemical reactions along a flow path[R]. U S:Geological Survey Water-Resources Investigations Report,1991:91-4087.

Plummer. Geochemical modeling:A comparison of forward and inverse methods[A]. in Hitchon B and Wallick E I(eds.),First Canadian/American Conference on Hydrogeology, Practical Applications of Ground Water Geochemistry:Worthington,Ohio[J]. National Water Well Association,1984,149-177.

Posner,Bell,Baedke,Thompson,Wilcox. Aqueous geochemistry as an indicator of subsurface geology and hydrology of a beach-ridge/wetland complex in Negwegon State Park, MI[M]. Geological Society of America,Salt Lake City,UT,2005.

Robie,Hemingway,Fisher. Thermodynamic properties of minerals and related substances at 298.15K and 1bar(10^5 pascals)pressure and at higher temperatures[J]. U S:Geological Survey Bulletin,1978,1452.

Robinson,Reay. Ground Water Flow Analysis of a Mid-Atlantic Outer Coastal Plain Watershed,Virginia,USA[J]. Groundwater,2002,40(2):123-131.

Schecher,McAvoy. MINEQL$^+$-A chemical equilibrium program for personal computers -User's manual version 2.1[J]. Edgewater,Maryland,Environmental Research Software, 1991.

Shand P,Love A J,Darbyshire D P F,et al. Sr isotopes in natural waters:applications to source characterisation and water-rock interaction in contrasting landscapes[M]. //Bullen T D & Wang Y(eds.),Water-Rock Interaction. London:Taylor and Francis,2007.

Siegenthaler U,Oeschger H. Correlation of ^{18}O in precipitation with temperature and altitude[J]. Nature,1980,185:314-317.

Swarzenski,Holmes,Shinn,et al. Tracing the mixing and movement of ground water Into Florida Bay with four naturally occurring radium isotopes[C]. Proceedings of the 1999 Georgia Water Resources Conference. Hatcher(eds.),The University of Georgia,Athens, Georgia,1999.

Swarzenski,Reich,Spechler,et al. Using multiple geochemical tracers to characterize the hydrogeology of the submarine spring off Crescent Beach,Florida[J]. Chemical Geology, 2001,179:187-202.

Tebes-Steven,Caroline,Valocchi. Reactive transport simulation with equilibrium speciation and kinetic biodegradation and adsorption/desorption reactions:A Workshop on Subsurface Reactive Transport Modeling,Pacific Northwest National Laboratory,Richland, Washington,October 29-November 1.1997.

Tebes-Stevens,Valocchi,VanBriesen,Rittmann. Multicomponent transport with coupled geochemical and microbiological reactions—model description and example simulations[J]. Journal of Hydrology,1998,209:8-26.

Thomas,Calhoun,Apambire. A deuterium mass-balance interpretation of groundwater sources and flows in southeastern Nevada[R]. Desert Research Institute Report,2001.

Thompson. A chemical model for sea water at 25℃ and one atmosphere total pressure. American[J]. Journal of Science,1962,60:57-66.

Toride,Leij,Van Genuchten. A comprehensive set of analytical solutions for non-equilibrium solute transport with first-order decay and zero-order production[J]. Water Resources Research,1993,29:2167-2182.

Toth J. Models of subsurface hydrology of sedimentary basins[C].//Brain Hitchon,et al.(ed.)Third Canadian/American on Hydrogeology NWWA,Dublin,Ohio,USA. 1986.

Uliana M M,Banner J L,Sharp Jr J M. Regional groundwater flow paths in Trans-Pecos,Texas inferred from oxygen,hydrogen,and strontium isotopes[J]. Journal of Hydrology,2007,334:334-346.

Vermeulen,Heemink,Valstar. Inverse modeling of groundwater flow using model reduction[J]. Water Resour. Res. ,41,W06003. 2005.

Wang Y X,Shpeyzer. Genesis of thermal groundwaters from Siping'an district,China[J]. Applied geochemistry,1997,12:437-445.

Wang Yanxin,Guo Qinghai,Su Chunli,et al. Strontium isotope characterization and major ion geochemistry of karst water flow,Shentou,northern China[J]. Journal of Hydrology,2006,328(3-4):592-603.

William M A. Ground water and climate[J]. Ground Water,2001,39(2):161-162.

Wolfram Kloppmann,Haim Chikurel,Géraldine Picot,et al. B and Li isotopes as intrinsic tracers for injection tests in aquifer storage and recovery systems[J]. Applied Geochemistry. In Press,Accepted Manuscript,Available online,March,27,2009.

Yuan Daoxian. Land use management and hydrogeology[M].//Wang Yanxing and Liang Xing(eds.),Proceedings of the International Symposium on Hydrogeology and the Environment[M]. Beijing:China Environmental Science Press,2000.